CAD für VLSI

Rechnergestützter Entwurf höchstintegrierter Schaltungen

Vorträge des Siemens-Symposiums
am 8. und 9. November 1982 in München

Herausgegeben von H. G. Schwärtzel

Mit einem Geleitwort von K. H. Beckurts

Mit 56 Abbildungen

Springer-Verlag
Berlin Heidelberg New York 1982

Veranstalter des Symposiums:
Siemens Aktiengesellschaft, Berlin und München,
Zentralbereich Technik

Wissenschaftliche Betreuung des Symposiums:
Dr. techn. Heinz G. Schwärtzel
Leiter des Hauptbereichs Zentrale Aufgaben Informationstechnik
der Siemens AG, München

CIP-Kurztitelaufnahme der Deutschen Bibliothek:

CAD für VLSI: rechnergestützter Entwurf höchstintegrierter Schaltungen: Vorträge d. Siemens-Symposiums am 8. u. 9. November 1982 in München/Hrsg.: H. G. Schwärtzel. Mit e. Geleitw. v. K. H. Beckurts. [Veranst. d. Symposiums: Siemens-Aktienges., Berlin u. München, Zentralbereich Technik].
Berlin; Heidelberg; New York: Springer 1982.

ISBN-13: 978-3-540-12045-2   e-ISBN-13: 978-3-642-93242-7
DOI: 10.1007/978-3-642-93242-7

NE: Schwärtzel, Heinz G. [Hrsg.]; Siemens-Symposium ‹1982, München›; Siemens-Aktiengesellschaft ‹Berlin, West; München›/Zentralbereich Technik

Geleitwort

Die Mikroelektronik prägt den technischen Fortschritt unserer Zeit.
Die von ihr ausgehenden Impulse auf Informations- und Kommunika-
tionstechnik führen zur Erschließung neuer Anwendungen und Märkte.

Für die elektrotechnische Industrie stellt diese Entwicklung eine
Herausforderung in zweifacher Hinsicht dar:

- Für die neuen Anwendungsbereiche müssen Produkte und Systemlö-
  sungen geschaffen werden.

- Mit wachsender Leistungsfähigkeit elektronischer Bausteine muß
  immer mehr anwendungsspezifisches Wissen in Entwicklung und Fertigung einbezogen werden.

Der letztgenannten Problematik widmet sich diese Fachtagung. Die
Erfahrung lehrt, daß große Anstrengungen notwendig sind, um die
Methoden, Verfahren und Werkzeuge zu erarbeiten, mit denen komplexe
elektronische Bauelemente wirtschaftlich entwickelt werden können.
Auf dem Gebiet der Fertigung derartiger Bauelemente hat die elektrotechnische Industrie Deutschlands eine gute Position im interna-
tionalen Wettbewerb erreicht. In Entwurf und Entwicklung dagegen
droht sich ein schnell wachsender Abstand zu den USA und Japan auf-
zutun.

Dieser Gefahr kann nur mit gemeinsamen, aufeinander abgestimmten
Anstrengungen von Wissenschaft und Industrie begegnet werden. Deshalb hat Siemens zu dieser Fachtagung, deren Rahmen das gesamte
Gebiet der rechnergestützten Entwicklung von höchstintegrierten
elektronischen Bausteinen umspannt, die hier tätige deutsche Wissenschaft eingeladen. Die Tagungsthemen reichen vom Design über
Layout, Architektur, Simulation, Test bis zur Fertigungsvorberei-
tung. Viele der heute angewandten Methoden und Programme sind ursprünglich von Hochschulinstituten entwickelt worden, dann von der
Industrie übernommen, der Praxis angepaßt und in ein umfassendes
System integriert worden. In noch stärkerer Weise als bisher be-

dürfen die vor uns liegenden Aufgaben wie "Silicon-Compiler", einheitliche Datenhaltung, gemeinsame Beschreibungssprache oder Beschreibung von Bausteinen mit vielen Hunderttausenden von Elementen zu ihrer Bewältigung einer engen Zusammenarbeit zwischen Hochschulen und Industrie.

Ziel der Tagung ist es, die gegenseitige Information zu stärken und die Diskussion zu vertiefen. Vielleicht hilft sie aber auch, ein darüber hinausgehendes Ziel zu erreichen, nämlich als eine ständige Einrichtung ein CAD-Forum zu schaffen, auf dem neben Informationen und Erfahrungen auch Werkzeuge ausgetauscht werden.

München, November 1982   Prof. K.H. Beckurts
                              Mitglied des Vorstandes der Siemens AG

Vorwort

Eine wesentliche Voraussetzung für die schnelle und wirtschaftliche
Entwicklung integrierter Schaltungen bilden leistungsfähige Methoden,
Verfahren und Werkzeuge für das rechnergestützte Entwerfen und Kon-
struieren (CAD).

Im vorliegenden Tagungsband wird dieses Gebiet mit folgenden Aspekten
vorgestellt:
* CAD-System
* Simulation
* Architektur
* Prüfen
* Layout.

Der so wichtige Gesichtspunkt der Geschlossenheit eines Entwick-
lungssystems wird in den ersten Beiträgen hervorgehoben. Dabei werden einerseits konzeptionelle Ansätze für zukünftige CAD-Systeme
dargestellt, die, ausgehend von der Beschreibung auf der Register-
Transfer-Ebene oder sogar auf einer noch höheren Ebene, bis hin
zum Layout die Entwicklung eines Bausteines unterstützen. Andererseits wird auch ein pragmatisches und kurzfristig anwendbares System für den Entwurf von Schaltkreisen auf der Basis von Standardzellen beschrieben.

Die zunehmende Komplexität der Bausteine erfordert Simulationen
auf verschiedenen logischen Ebenen. Zum Thema "Simulationen" werden die bei Siemens verwendeten Simulationsprogramme, ihre Beschreibungssprachen und ihre internen Zusammenhänge behandelt. Ein eige-
ner Abschnitt widmet sich der Frage, wie weit Architekturkonzepte
auf die zu verwendenden CAD-Hilfsmittel und auf die technologische
Realisierbarkeit von Bausteinen Rückwirkung haben. Es werden dabei
zwei Verfahren gegenübergestellt, die als richtungsweisend für die
Zukunft erachtet werden. Es ist dies einmal der Aufbau von prozessor-
ähnlichen Bausteinen mit regulären Modulen wie Bit-Slice, PLA oder
ROM, zum anderen ist es das weitgehend automatische Entwickeln all-
gemeiner Logik (Random Logic) mit Hilfe von Zellen.

Nicht unterbewertet werden darf in Zukunft das Problem der Prüfbarkeit von höchstintegrierten Bausteinen. Vier Beiträge schildern den Entwicklungsstand unter verschiedenen Blickwinkeln. Wichtig ist hierbei, daß sich das Prüfkonzept wie ein roter Faden durch den ganzen Entwurfsprozeß zieht, d.h., daß bereits beim Architekturentwurf Richtlinien berücksichtigt werden, die die Bausteinprüfung erleichtern oder sogar erst ermöglichen. Neben der Darstellung eines integrierten Prüfverfahrens gehen die Beiträge auf Einzelprobleme wie Prüfdatenerstellung, selbsttestende Schaltungen und Prüfen mit Hilfe des Elektronenstrahls ein, Arbeiten, die zum Teil noch als Grundlagenforschung betrachtet werden müssen.

Die letzten Beiträge widmen sich dem Problem, aus dem logischen Schaltplan den geometrischen Plan (Layout) zu erzeugen. Neben den verschiedenen Verifizierungsmethoden für manuell erstellte Layouts liegt der Schwerpunkt hier bei neuen Verfahren zum automatischen Plazieren und Verdrahten und zur automatischen Gewinnung von geometrischen Strukturen aus dem Logikplan. Diese letztgenannten Verfahren stellen den Kern für einen "Silicon-Compiler" dar, ein Werkzeug, an dem seit kurzer Zeit in den Forschungsinstituten gearbeitet wird und das in Zukunft einen weitgehend automatischen Entwurf von Bausteinen, ausgehend von einer höheren Beschreibung, ermöglichen soll.

Bei diesen neuen Forschungsarbeiten ist der Überblick über die heute in der Praxis angewendeten Verfahren mit ihren Vor- und Nachteilen – wie er in dem vorliegenden Tagungsband geboten wird – sicher von besonderem Interesse.

Die Schlüsselrolle der technischen Entwicklung liegt bei der Mikroelektronik, die in allen Bereichen unser Leben spürbar verändert. Die Vielfalt ihrer Anwendungsmöglichkeiten, zusammen mit der wachsenden Komplexität ihrer Entwicklung und Herstellung, erfordern gemeinsame Anstrengungen von Forschungsinstituten und Industrie.

Der vorliegende Tagungsband soll dazu Impulse geben und konkrete Schwerpunkte möglicher Zusammenarbeit aufzeigen.

München, November 1982   Heinz G. Schwärtzel

Mitarbeiterverzeichnis

Baltin, Eckhardt, Dipl.-Ing.
Birzele, Paul, Dipl.-Ing.
Feldmann, Uwe, Dr.rer.nat., Dipl.-Math.
Fox, Fred, Dipl.-Ing.
Frantz, Dieter, Dipl.-Ing.
Gerner, Manfred, Dipl.-Ing.
Graßl, Gerhard, Dipl.-Ing.
Harter, Johann, Dr.rer.nat., Dipl.-Phys.
Horneber, Ernst-Helmut, Dr.-Ing.
Klaschka, Franz, Dipl.-Ing.(FH)
Knauer, Karl, Dr.-Ing.
Koller, Konrad, Dr.rer.nat., Dipl.-Phys.
Lauther, Ulrich, Dr.-Ing.
Lescop, Jean-Claude, Ing.grad.
Lieske, Normen, Dr.rer.nat., Dipl.-Phys.
Müller-Glaser, Klaus, Dr.-Ing.
Nett, Martin, Dipl.-Ing.(FH)
Rottmann, Wilfried, Dipl.-Ing.
Sandweg, Gerd, Dr.-Ing.
Steinkopf, Udo, Dipl.-Ing.
Wolfgang, Eckhard, Dr.techn., Dipl.-Ing.

Sämtliche Autoren sind Mitarbeiter der Siemens AG, München.

Inhaltsverzeichnis

Die Bilder und Tabellen sind jeweils am Ende der Beiträge angeordnet.

Entwicklungsschwerpunkte für ein Entwurfssystem

Udo Steinkopf

<u>0 Einleitung</u>

Die zunehmend komplexeren Logikbausteine, insbesondere Prozessorbausteine mit bis zu 1 Mio. Transistoren pro Chip, lassen sich ohne ausreichende Entwurfsunterstützung durch leistungsfähige CAD-Systeme nicht mehr wirtschaftlich entwickeln. Um zu kürzeren Entwicklungszeiten zu gelangen, müssen, ausgehend von vorhandenen und erprobten CAD-Verfahren, neue VLSI-spezifische CAD-Programme sowohl für den funktionellen als auch für den physikalischen Entwurf und dessen Verifizierung entwickelt werden.

Durch das rasche Vordringen der VLSI-Technik in den Bereich anwendungsspezifischer Schaltungen wächst die Bedeutung von CAD-Werkzeugen ständig. Während heute noch vielfach Einzelprogramme benutzt werden, geht der Trend hin zu integrierten Lösungen, um damit bei entsprechend einfacher Handhabung überhaupt erst einen breiten Einsatz der Entwurfsprogramme zu ermöglichen. Weltweit werden bei Halbleiterherstellern, Systemhäusern und Universitäten große Anstrengungen unternommen, um neben der Weiter- oder Neuentwicklung von einzelnen CAD-Programmen für den VLSI-Entwurf integrierte CAD-Systeme zur Verfügung zu stellen /1 - 6/.

Eine nicht unwesentliche Bedeutung sehen wir in der Tatsache, daß in Zukunft auch im Chip-Entwurf weniger erfahrene Entwickler in der Lage sein müssen, anwendungsspezifische VLSI-Entwürfe durchzuführen. Hierfür ist ein Entwurfssystem mit leistungsfähigen CAD-Programmen unerläßlich.

Im notwendigen Zusammenspiel von Systemtechnik, Schaltungstechnik und Technologie für den VLSI-Entwurf stellt das CAD-System ein wesentliches Verbindungsglied dar, durch das neue, effektivere Methoden nicht nur unterstützt, sondern erst mit wirtschaftlichem Nutzen eingesetzt werden können.

1 Das allgemeine VLSI-CAD-System

Wir unterscheiden bei einem allgemeinen VLSI-CAD-System die CAD-Funktionen für den funktionellen und den physikalischen Entwurf, das Datenhaltungssystem mit seiner Benutzeroberfläche und dem Datenhaltungsbus als zentralem Interface sowie ein System von Programmen zur Generierung von Prüfdaten und Fertigungsunterlagen. Die CAD-Funktionen sind aus der Sicht des VLSI-Entwicklers am wichtigsten. Hier unterscheiden wir zwei Blöcke von Programmen: Simulatoren für den funktionellen Entwurf und Progamme zur Unterstützung des physikalischen Entwurfs und dessen Überprüfung.

Die verschiedenen Simulatoren lassen sich in zwei Gruppen einordnen. Circuit-, Timing- und Switch-Logic-Simulatoren verarbeiten Transistor-Netzwerke auf der Basis elektrischer Größen und werden deshalb auch als elektrische Simulatoren bezeichnet, während die Logik- oder Register-Transfer-Simulatoren Gatter, Zellen oder Blöcke als kleinstes logisches Element kennen und deshalb als logische Simulatoren zusammengefaßt werden können (Bild 1).

Heute haben die meisten Simulatoren noch weitgehend voneinander unabhängige und unterschiedliche, alphanumerische Eingabesprachen und erschweren damit nicht nur den Wechsel von einer Simulationsebene zur anderen, sondern lassen diesen Wechsel auch zu einer fehleranfälligen Prozedur werden. Die laufenden Programmentwicklungen zielen nun hier auf eine Integration der verschiedenen Simulatoren innerhalb der beiden Gruppen, so daß in Zukunft nur jeweils ein Simulationssystem für den elektrischen und ein Simulationssystem für den logischen Entwurf vom Entwickler benutzt werden muß.

Eine wesentliche Rolle für den Wechsel von der elektrischen zur logischen Abstraktionsebene, insbesondere bei MOS-Schaltungen, werden die sog. Switch-Level-Simulatoren übernehmen, da sie auf der Basis von Transistor-Netzwerken das logische Verhalten simulieren, ohne den Bezug zur physikalischen Realisierung zu verlieren, wie es bei klassischen Gatter-Level-Simulatoren der Fall ist /7/.

Darüberhinaus wird ein Wechsel von einer hierarchischen Ebene zur anderen dadurch erleichtert werden, daß eine gemeinsame, gleichartige, grafische Eingabemöglichkeit für Netzwerkdaten dem Benutzer die einfache Manipulation seines Schaltbildes auf den verschiedenen Entwurfsebenen erlaubt.

Nach Abschluß des funktionellen Entwurfs muß der Entwickler aus dem Schaltbild das Layout "generieren", was heute noch weitgehend per "Hand" mit interaktiv-grafischen Systemen geschieht. Eine nachfolgende Layout-Verifizierung muß die Korrektheit des Layouts sicherstellen und die Übereinstimmung des funktionellen und des physikalischen Entwurfes garantieren, bevor die Fertigungsunterlagen hergestellt werden können. Eine wichtige Aufgabe innerhalb des Gesamtsystems haben die Programme zur Prüfdatenermittlung, da mit ihnen die Funktionsfähigkeit des fertigen Chips überprüft werden muß.

2 Der Entwurfsprozeß

Zur Verdeutlichung einiger wichtiger Zusammenhänge im Entwurfsprozeß soll beispielhaft der stark vereinfachte Entwurfsvorgang von Schaltungen auf dem Transistor-Level erläutert werden. Der Entwurfszyklus
- Eingabe/Änderung des Schaltbildes
- Simulation und Ergebnisauswertung

wird so oft durchlaufen, bis der Entwurf "funktionell" in seinem Verhalten den geforderten Spezifikationen genügt. Erst danach beginnt der physikalische Entwurf, das "Umgießen" der Transistorschaltung in Silizium (Bild 2).

Die Erstellung des Layouts, also das Zeichnen von Rechtecken auf den verschiedenen Maskenebenen, ist hierbei eine aufwendige und fehleranfällige Arbeit, dem Programmieren im Maschinen-Code vergleichbar. Selbst mit komfortablen, grafisch-interaktiven Design-Anlagen müssen hierfür bei höchstintegrierten Schaltungen noch Erstellungsaufwände von 20 Mannjahren oder mehr erbracht werden. Abhilfe können hier nur automatische Layoutgenerierungsverfahren bringen. Stellvertretend für eine Reihe von Lösungsansätzen soll hier der Weg über das symbolische Layout skizziert werden.

Die Erstellung eines symbolischen Layouts (stick diagram) ist sehr viel weniger aufwendig, da es sich in den meisten Fällen direkt aus dem Schaltbild ableiten läßt. Der Entwickler kann sich auf wenige, aber wesentliche Arbeiten konzentrieren, wie z.B. das Festlegen der relativen Lage der Elemente zueinander. Alle Routinearbeit wie das Einhalten von technologisch-geometrischen Entwurfsregeln wird ihm durch das Progamm beim "Kompaktieren" abgenommen. Durch diese automatisch richtige Layoutgenerierung kann z.B. das Maskenband anschließend direkt erzeugt werden. Eine Layout-Verifizierung ist

nur dann nötig, wenn das generierte Layout nachträglich per Hand
grafisch-interaktiv geändert worden ist.

Im Gegensatz dazu müssen bei einem optimierten "Hand-Layout" erst
eine Reihe von Überprüfungen durchgeführt werden, bevor eine Ab-
speicherung in eine Bibliothek möglich ist oder ein Maskenband erzeugt werden kann. Für den "Design-Rule-Check" stehen heute Standard-
programme zur Verfügung, die jedoch keine Entwurfsfehler erkennen
(z.B. falsche oder nicht angeschlossene Verbindungen) und damit
auch nicht kostspielige "Redesigns" verhindern können. Für einen
automatischen Vergleich zwischen der Schaltung des Layouts und dem
nach Abschluß des funktionellen Entwurfs dokumentierten Schaltbild
muß zunächst aus dem Layout die komplette Schaltung extrahiert werden (circuit extraction), um in einem nachfolgenden Netzwerkver-
gleich eventuelle Entwurfsfehler aufdecken oder aber die Korrektheit des Layouts sicherstellen zu können. Bei der "Extraktion" ge-
winnt die automatische Berechnung von Parametern aus dem Layout
(z.B. parasitäre Kapazitäten) neben dem Erkennen von Transistoren
und deren Verknüpfung zunehmend an Bedeutung. Mit diesen "echten"
Größen können zeitkritische Pfade innerhalb der Schaltung simuliert
und damit das dynamische Verhalten der Schaltung vor ihrer Realisierung überprüft werden.

3 Simulationsebenen

Trägt man die verschiedenen Simulationsebenen über der Schaltungs-
komplexität auf, für die sie sinnvoll zum Einsatz kommen, so ergibt
sich ein treppenförmiger Verlauf. Die obere Grenze des Einsatzbereiches ist durch Faktoren wie Speicherplatzbedarf, Laufzeit und
Kosten bestimmt. Eine untere Grenze des Einsatzbereiches für einen
Simulator ergibt sich dadurch, daß die jeweils tiefere Ebene eine
wesentlich höhere Modellierungsgenauigkeit bei vertretbaren Kosten
bietet (Bild 3).

An die in einem VLSI-CAD-System integrierten Simulationsebenen
schließen sich am unteren Ende die Prozeß- und die Device-Simulation
an, die in erster Linie der Charakterisierung von Prozeßtechnologie
und Schaltungsgrundelementen dienen und damit dem eigentlichen VLSI-
Entwurfsprozeß vorgelagert sind. Am oberen Ende der "VLSI-Simula-
tions-Treppe" schließt die System-Simulation an, mit der z.B. das
Verkehrsfluß- und Betriebsverhalten von großen Prozessor-Systemen
untersucht werden kann.

Standardwerkzeuge für den VLSI-Entwurf sind heute Circuit-Simulatoren wie SPICE2-S oder Gatter-Level-Simulatoren wie VERDIPUS. Sowohl auf dem Timing-Level mit DIANA-S als auch auf dem Register-Transfer-Level mit CAP sind neue, leistungsfähige Simulatoren in Entwicklung, die in modernen VLSI-Entwurfssystemen einen festen Platz haben werden.

Bei einer Gegenüberstellung der Leistungsfähigkeit heute verfügbarer Simulatoren für den funktionellen Entwurf und der Anforderung der VLSI-Technik ergibt sich folgendes Bild (Tab. 1).

Auf der Transistorebene stehen für den Schaltkreisentwurf universelle Circuit-Simulatoren zur Verfügung, mit denen Komplexe von bis zu ca. 1000 Transistoren bei Rechenzeiten bis zu einigen Stunden (Rechenanlage mit ca. 1 MOPS) simuliert werden können. Probleme ergeben sich hier durch neue Technologien, die sowohl Modellentwicklungen, als auch Verfahrensänderungen erforderlich machen. Als neues Werkzeug für den Schaltkreisentwurf erlaubt die Timing-Simulation nicht nur größere Schaltungen zu simulieren, sondern bietet auch bei vergleichbarer Genauigkeit eine um den Faktor 20 - 30 geringere Rechenzeit. Die Weiterentwicklung der Timing-Simulation und ihre Zusammenführung mit neuen Verfahrensansätzen werden zu einer weiteren Beschleunigung dieser Simulationsart führen /8 - 11/. Die Entwicklungsarbeiten bei der elektrischen Simulation werden sich in Zukunft auf die notwendigen Erweiterungen und Verbesserungen im Zuge der Technologieentwicklung von NMOS zu CMOS und zu feineren Strukturen (1 μm) konzentrieren. Zusammen mit den oben erwähnten Switch-Level-Simulatoren werden in einigen Jahren elektrische Mixed- Mode-Simulatoren Schaltungskomplexe mit bis zu 10 000 Gatter-Funktionen verarbeiten müssen, um bei der zu erwartenden VLSI-Komplexität einzelne Zellen, Blöcke oder auch kritische Pfade auf dem Chip genügend genau elektrisch simulieren zu können.

Für den Logik- und System-Entwurf auf der Zellen- oder Blockebene werden heute im wesentlichen Gatter-Level-Simulatoren mit 3 oder 4 logischen Zuständen für die Entwurfs- und Fehlersimulation eingesetzt. Neben der bipolaren Technologie werden damit, wenn auch mit erheblichem Modellierungsaufwand, NMOS-Schaltungen bearbeitet. Für die Behandlung von CMOS-Schaltungen müssen neben der Einführung von mehr logischen Zuständen neue Algorithmen für die Fehlersimulation sowie spezielle Modelle für CMOS-Strukturen oder Bus-Systeme entwickelt werden. Schwerpunkt der Arbeiten ist hier weniger eine

Beschleunigung, als eine Technologie-Anpassung. Durch Zusammenführung mit der Register-Transfer-Simulation wird hier ein logischer Mehrebenen-Simulator als Entwurfswerkzeug entstehen.

4 Layout-Entwurf

Um von der Transistor-Logik, die nach Abschluß des funktionellen Entwurfs als Schaltbild oder Stromlaufplan vorliegt, zur realisierten Schaltung als Chip zu kommen, muß als nächster Schritt im physikalischen Entwurf zunächst das Layout erstellt werden. Hierfür sind unterschiedliche Methoden bekannt und im Einsatz (Bild 4). Höchstintegrierte Standard-IC's, wie universelle Mikroprozessoren und Speicherbausteine, werden heute noch weitgehend als Hand-Entwürfe erstellt, wobei im Hinblick auf hohe Fertigungsausbeuten insbesondere auf eine optimale Flächenausnutzung des Siliziums Wert gelegt wird. Dieses Verfahren erfordert auch bei der Verwendung moderner interaktiv-grafischer Design-Anlagen einen hohen personellen Einsatz und ist deshalb nicht für eine Breitenanwendung der VLSI-Technik für beliebige kundenspezifische Schaltungen geeignet. Wesentlich kürzere Entwurfszeiten ergeben sich bei den sogenannten "Semi-Custom"- Schaltungen. Hier wird die mühevolle Handarbeit auf die Optimierung möglichst universell verwendbarer Teilschaltungen beschränkt, die als "Zellen" in Bibliotheken abgespeichert und für den Entwurf unterschiedlicher Kundenschaltungen verwendet werden können. Mit entsprechenden CAD-Programmen können nun anschließend automatisch die Plazierung und Verdrahtung dieser Zellen für spezielle Schaltungen in Form von Gate-Arrays, Standard- oder Allgemeinen Zellenschaltungen vorgenommen werden. Wegen des enormen Gewinns an Entwurfszeit beginnen sich diese Verfahren für Kundenschaltungen bis zu einigen 1000 Gatterfunktionen durchzusetzen, auch wenn z.T. eine geringfügig größere Siliziumfläche benötigt wird.

Ein wesentlicher Nachteil dieser Entwurfsmethoden liegt darin, daß die Zellen starre Gebilde mit fester Funktion und Geometrie sind, vergleichbar Bausteinen mit fester Funktion in einem Gehäuse. Um mehr Flexibilität bei der Verwendung optimierter Zellen zu erreichen und um den Umfang von Bibliotheken zu beschränken, wird der Designer künftig verstärkt variable Zellen fordern, Zellen also, deren technologische, geometrische, elektrische oder funktionelle Eigenschaften veränderbar sind. Im Gegensatz zu den oben beschriebenen "klassischen" Zellenkonzepten, bei denen immer zuerst die Zellenbibliothek entwickelt werden muß, also "bottom up" vorgegangen wird, unterstützt das Konzept der MOS-gerechten, variablen Zellen den "Top-Down"-Entwurf.

Neben dieser notwendigen Variabilität von zukünftigen Zellen ist eine bereits praktizierte Methode zur Reduzierung von Entwurfsaufwand die konsequente Verwendung von regulären Transistor-Strukturen, wie sie beim Entwurf von datenpfad-orientierten Teilen von Prozessor-Schaltungen z. B. in Form von Bit-Slices oder PLA-Feldern auftreten.

Betrachten wir den heutigen Leistungsstand von CAD-Programmen für den physikalischen Entwurf (Tabelle 2), so zeigt sich, daß die Layout-Programme für Zellen-Schaltungen und Gate-Arrays den höchsten Entwicklungsstand haben und nicht nur zunehmend breitere Anwendung finden, sondern überhaupt erst den Einstieg für viele Entwickler in die IC-Technik ermöglichen. Mit Standardzellen-Programmen können heute Komplexe von mehreren 100 Zellen in weniger als einer Stunde Rechenzeit vollständig plaziert und verdrahtet werden. Programme für allgemeine Zellen, die keine Beschränkungen mehr bezüglich ihrer geometrischen Form wie die Standardzellen haben, sind in Entwicklung und werden insbesondere im hierarchischen Einsatz zusammen mit Standardzellen-Programmen Verwendung finden /12,13/. Für den Entwurf von regulären Strukturen wie für variable Zellen erhält der Entwickler heute noch keine Unterstützung durch CAD-Programme. Hier müssen z.T. auch noch grundsätzliche Verfahrensfragen vor der programmtechnischen Realisierung geklärt werden. Das Ziel der laufenden Entwicklungsarbeiten ist ein geschlossenes Layout-System für MOS-gerechte, variable Zellenschaltungen, das u.a. auch dadurch gekennzeichnet ist, daß der Entwickler in die automatisch ablaufenden Algorithmen zum Plazieren und Verdrahten interaktiv eingreifen kann. Weitere wesentliche Merkmale des Layout-Systems werden eine konsequente, hierarchische Strukturierung bei der Entwurfsarbeit und deren programmtechnische Unterstützung zur Beherrschung der VLSI-Komplexität sein.

Für die Layouterstellung von kompletten Transistorschaltungen sind erste Programmversionen im Testeinsatz. Sowohl die Programme zur PLA-Generierung als auch die symbolischen Layout-Programme mit Kompaktierer müssen noch wesentlich verbessert werden, bevor sie zum Standardwerkzeug eines IC-Entwicklers gehören. Während z.B. bei der Generierung von PLA-Blöcken u.a. Flächenprobleme auftreten, müssen bei der automatischen Kompaktierung von symbolischen Layouts die Argorithmen bzgl. Laufzeit und Ergebnisqualität noch wesentlich verbessert werden. Darüber hinaus ist grundsätzlich eine stärkere Technologieunabhängigkeit dieser Generierungsprogramme notwendig, um leichter zu verbesserten Technologievarianten oder neuen Technologien wechseln zu können, ohne die bereits geleistete Design-Arbeit noch einmal aufwenden zu müssen /14,15/.

5 Layout-Verifizierung

Im Rahmen des physikalischen Entwurfs muß im Anschluß an den Layout-Vorgang eine Überprüfung der geometrischen Layout-Daten erfolgen, bevor aus diesen das Maskensteuerband für die eigentliche Herstellung des Chips erzeugt wird. Gerade eine unvollständige Layoutverifizierung ist in vielen Fällen für kostspielige "Redesigns" verantwortlich.

Wir unterscheiden bei der Layout-Verifizierung (Bild 5) die Überprüfung des Layouts auf Einhaltung technologiespezifischer Design-Regeln wie Mindestabstand, Mindeststrukturbreite usw. (Design-Rule-Check), Vergleich des Layouts mit dem Soll-Stromlaufplan (Circuit-Extraction und Network-Comparison) und die Parametergenerierung aus dem Layout für die Simulation (Parameter-Extraction und Simulation). Alle diese Schritte sind Voraussetzung, um ein korrektes Layout zu erreichen.

Die automatische Layout-Verifizierung beschränkt sich heute weitgehend auf eine Überprüfung von technologischen Entwurfsregeln (Design-Rule-Check). Darüber hinausgehende Entwurfsfehler auf Transistor- oder Zellenlevel werden durch solche "Design-Rule-Check"-Programme nicht erfaßt. Sowohl auf dem Transistor- als auch auf dem Zellenlevel laufen deshalb Programmentwicklungen, die eine automatische Überprüfung der Stromlauftopologie zum Ziel haben. Zur Überprüfung des dynamischen Verhaltens der Schaltung sind Simulationen mit aus dem Layout extrahierten Daten notwendig. Solche "Koppelprogramme" zwischen Layout und Simulation sind sowohl für den Transistor als auch für den Zellenlevel in Entwicklung (Tabelle 3).

Das eigentliche Problem der Layout-Verifizierung liegt in der Beherrschung der algorithmischen Komplexität. Selbst moderne Verfahren werden in absehbarer Zeit zu prohibitiven Laufzeiten führen, wenn sie auf voll expandierte Layout-Daten angewandt werden. Es ist daher zwingend notwendig, bei VLSI-Entwürfen in hohem Maß vor-

handene Regularität und Hierarchie der Layoutbeschreibung auch für
die Verifizierung auszunützen. Algorithmische Methoden sind hierfür jedoch weltweit erst ansatzweise vorhanden.

Die notwendige Reduzierung des Aufwandes bei der Layout-Verifizierung zwingt auch hier zur Einführung von mehr generierenden Methoden beim Layout-Entwurf anstelle der optimierenden Hand-Entwürfe.
Da bei korrekten Algorithmen ein generiertes Layout per Definition
immer fehlerfrei sein muß, könnte im Prinzip eine Layout-Verifizierung in diesen Fällen völlig unterbleiben. Der Stand der Algorithmen und die praktische Realität zwingen jedoch zu der Einschränkung, daß eine Berücksichtigung aller dynamischen Effekte (parasitäre Einflüsse, dynamische Parameter usw.) zunächst nicht möglich oder zu aufwendig sein wird, so daß auch bei generiertem Layout eine Simulation zur Überprüfung des dynamischen Verhaltens notwendig bleibt. Darüber hinaus ist eine vollständige Layout-Verifizierung immer dann unerläßlich, wenn durch personelle Eingriffe
das generierte Layout nachträglich geändert oder erweitert werden
muß.

6 Zusammenfassung

Die heutige Problematik beim Entwurf höchstintegrierter Schaltungen
ist: Hoher Designaufwand mit schlecht vorhersagbarer Zuverlässigkeit des Entwurfs führt zu hohen Kosten für anwendungsspezifische
VLSI-Schaltungen. Der Schwerpunkt zukünftiger CAD-Entwicklungen
liegt nun darin, ein geschlossenes Hardware/Software-Entwurfssystem
zu entwickeln, das VLSI-Entwürfe bei vertretbaren Aufwänden und
erhöhter Entwurfssicherheit erlaubt. Wesentlich ist hierbei, daß
durch eine Reduzierung der Entwurfskomplexität die Veränderbarkeit
bzw. Wiederverwendbarkeit von vorhandenen Entwürfen ermöglicht wird.
Hiermit kann sowohl die Korrektur von Entwurfsfehlern als auch die
Anpaßbarkeit von Entwürfen an spezielle Kundenwünsche erreicht werden.

Zur Unterstützung des funktionellen Entwurfs müssen neben speziellen Erweiterungen an erprobten Simulatoren in Richtung 1-µm-MOS-
Strukturen vor allem auch neue CMOS-geeignete Simulationsverfahren
entwickelt und zur produktiven Einsatzreife gebracht werden. Hier
liegen die Schwerpunktsarbeiten auf der Entwicklung eines Mixed-
Mode-Simulators für den elektrischen Schaltkreisentwurf und eines
Entwurfs- und Fehlersimulators in direkter Kopplung mit einem Re-

gister-Transfer-Simulator für den Logik- und Systementwurf. Zur
Vereinheitlichung der Eingabedaten der verschiedenen Simulatoren
ist eine grafisch-hierarchische Eingabe für Struktur- oder Netzdaten
eine notwendige Bedienungserleichterung für den Benutzer. Für die
Layout-Verifizierung müssen neben dem Überprüfen technologischer
Entwurfsregeln (Design-Rule-Check) neue Verfahren der Schaltungs-
rückgewinnung (Circuit-Extraction) entwickelt werden, mit denen
Entwurfsfehler auf dem Transistor- oder dem Zellenlevel erkannt
werden können. Ebenso ist die Simulation mit aus dem Layout rück-
gewonnenen Daten zur Überprüfung des dynamischen Verhaltens des
Schaltkreises unter Einbeziehung aller parasitären Einflüsse eine
unabdingbare Forderung für die Layout-Verifizierung von VLSI-Schalt-
kreisen.

Besondere Bedeutung für den Layout-Entwurf solcher hochkomplexen
Bausteine werden deshalb die Programmsysteme zur Layout-Generierung erlangen, da hier die Entwurfsregeln per Programm automatisch
berücksichtigt werden können und somit die aufwendige Layout-Verifizierung nur bei notwendiger interaktiver Nacharbeit angewendet
werden muß.

Entwürfe mit wirtschaftlich vertretbarem Aufwand erfordern neue
Entwurfsmethoden. Ausgehend von festen regulären Modulen - wie
Bit-Slice, PLA-Felder oder "per Hand" optimierte, starre Zellen -
müssen variable reguläre MOS-gerechte Zellen entwickelt werden,
mit denen einmal erstellte Entwürfe leicht anwendungsspezifisch
variiert werden können. Hierfür müssen neuartige Zellenkonzepte
und die dazugehörigen CAD-Programme entwickelt werden, die den Entwurfsaufwand für anwendungsorientierte VLSI-Systeme drastisch reduzieren.

7 Literatur

1. W.J. Haydamack; D.J. Griffin: VLSI Design Strategies and Tools,
   Hewlett Packard Journal, June 1981, Vol. 32, No. 6
2. N. Weste; B. Ackland: A Pragmatic Approach to Topological Symbolic IC Design, Proc. VLSI 81, Edinburgh, pp. 117 - 129
3. M.I. Payne: An Integrated VLSI Design System, VLSI Design, Vol.3,
   No. 1, January/February 1982, pp.46 - 50
4. Several special invited papers on VLSI Design Aids, IEEE Trans-
   actions on Circuits and Systems, July 1981, Vol. CAS - 28, No.7,
   pp. 618 - 680

5. M.E. Daniel; C.W. Gwyn: CAD System for IC Design, IEEE Trans.
   on CAD of IC and Systems, Vol. CAD-1, No. 1, January 1982,
   pp. 2 - 12
6. H.W. Daseking et al.: VISTA: A VLSI CAD System, IEEE Trans. on
   CAD of IC and Systems, Vol. CAD-1, No. 1, January 1982,
   pp. 36 - 52
7. R.E. Bryant: MOSSIM: A Switch-Level Simulator for MOS LSI,
   Proc. 18th Design Automation Conf., 1981, pp. 786 - 790
8. H. de Man: Mixed-Mode Analysis and Simulation Techniques for
   TOP-DOWN Design, Proc. European Conf.on Circuit Theory and Design 1981, The Hague, pp. 5 - 10
9. H. de Man et al.: Mixed-Mode simulation for MOSVLSI: why, where
   and how?, Proc. IEEE ISCAS Conf., Rome 1982, pp. 699 - 701
10.E.-H. Horneber; U. Feldmann: Timing Simulation and Mixed-Mode
   Simulation of MOS Integrated Circuits, Part 1: Methods and Pro-
   grams, Siemens Forsch.-u. Entwickl.-Ber., Bd 11 (1982),
   Nr. 1, pp. 12 - 21
11.E. Lelarasmee et al.: A New Relaxation Technique for Simulating
   MOS Digital ICs, Proc. IEEE ISCAS Conf., Rome 1982,
   pp. 1202 - 1204
12.T. Chiba et al.: A General Cell Layout System for VLSI,
   Proc. IEEE ISCAS Conf., Rome 1982, pp. 1013 - 1016
13.U. Lauther: The SIEMENS CALCOS System for Computer Aided Design
   of Cell Based IC Layout, Proc. 1st ICCC, New York 1980,
   pp. 768-771
14.Min-Yu Hshue: Symbolic Layout and Compaction of Integrated Circuits, Memorandum No. UCB/ERL M79/80, University of California,
   Berkely
15.S.A. Ellis et al.: A Symbolic Layout Design System, Proc. IEEE
   ISCAS Conf., Rome 1982, pp. 670 - 676

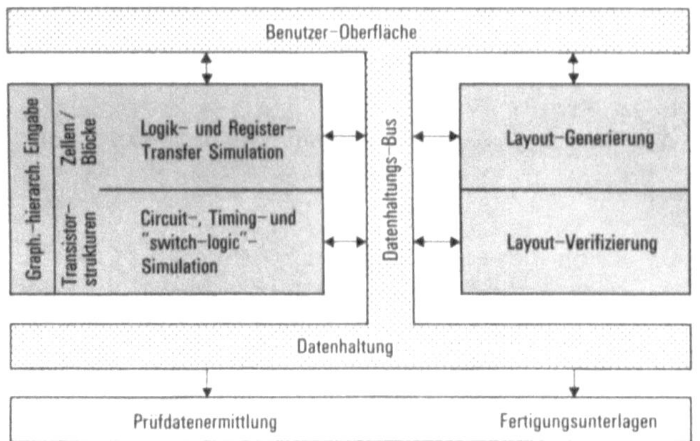

Bild 1. Allgemeines VLSI-CAD-System

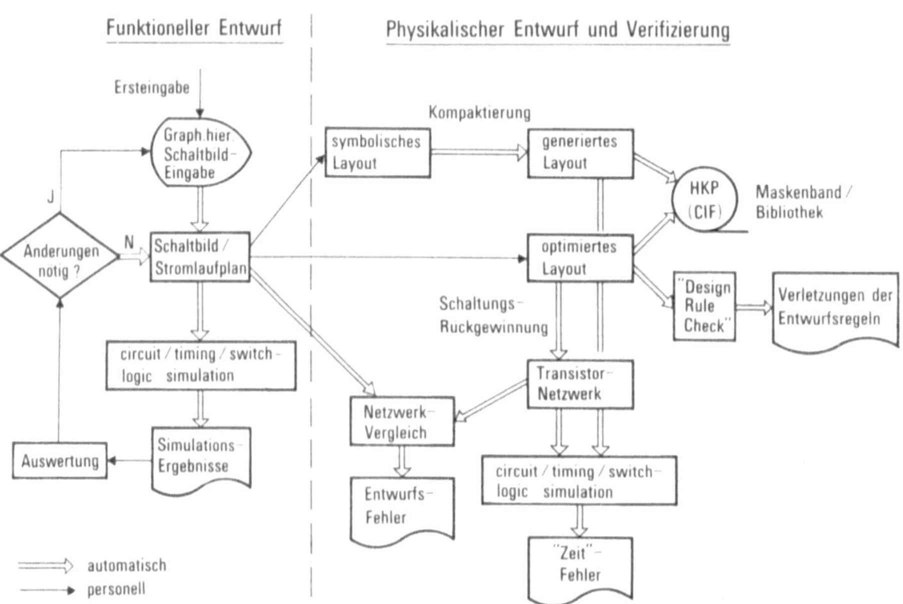

Bild 2. Entwurf und Verifizierung auf dem Transistorlevel

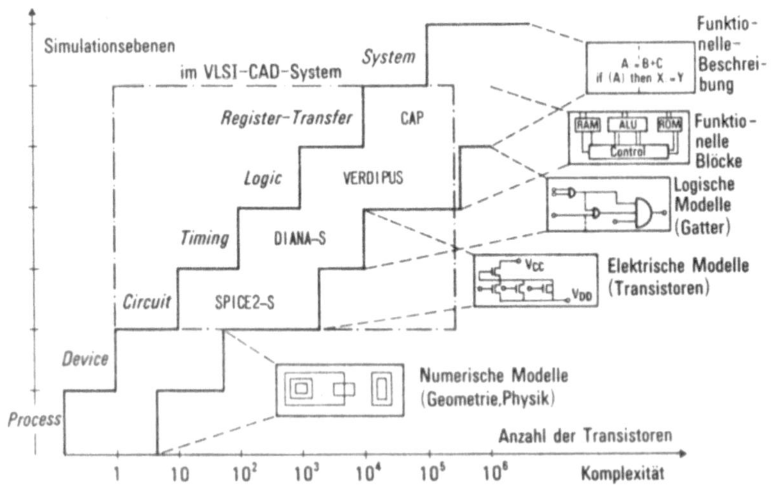

Bild 3. Simulationsebenen, zugehörige Modelle und Chip-Komplexität

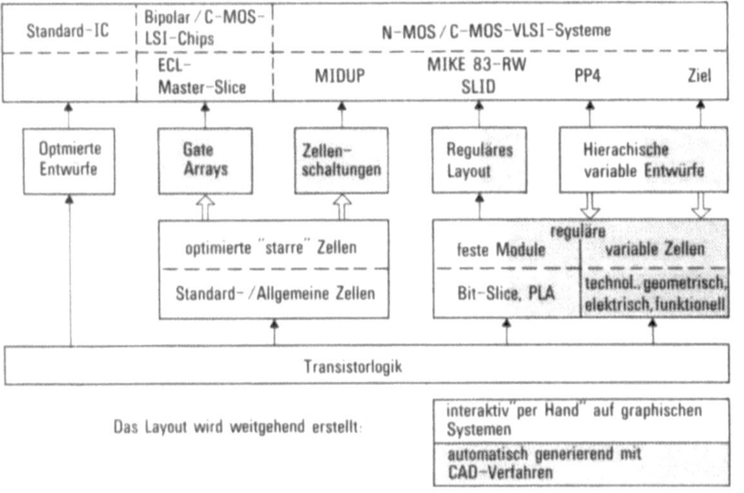

Bild 4. Einsatz von CAD-Verfahren bei verschiedenen Entwurfsmethoden

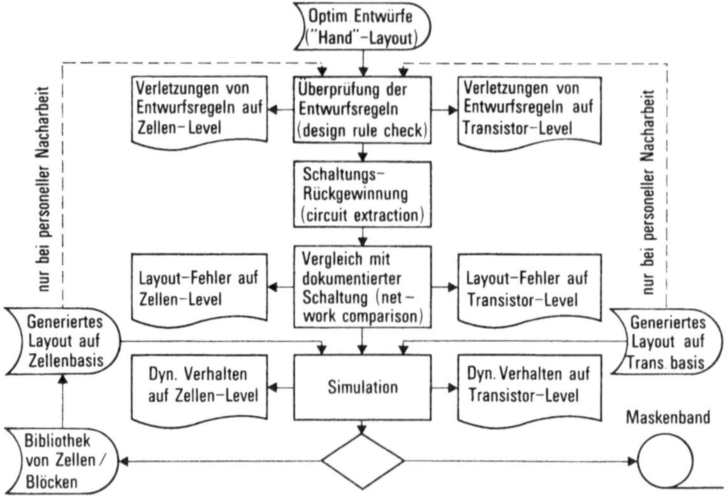

Bild 5. VLSI-Entwurfsverifizierung bei verschiedenen Layout-Verfahren

Tabelle 1. CAD-Programme für den funktionellen Entwurf:
Leistungsstand und Anforderungen

Funktioneller Entwurf	Leistungsstand der CAD-Funktion (Rechenzeit auf 7.760)	Anforderungen und Ziele
auf Transistorebene (Schaltkreis-Entwurf)	Circuit-Simulation 10 msec / Trans. · Iter. max. 1000 Trans.	Elektrischer Simulator für NMOS und CMOS 0.1 msec / Gatter·Zeitschritt max. 10^4 Gatter
	Timing-Simulation (NMOS) 1 msec / Gatter · Zeitschr. max. 2500 Gatter	
auf Zell- / Block-Ebene (Logik- / Systementwurf)	Gatter-Level-Logik-Simul. 30 sec / 10^3 Gatter · 10^3 Bitmuster max. $3 \cdot 10^5$ Gatterfunktionen	Logischer Mehr-Ebenen-Simulator mit CMOS-geeigneter Fehler-Simulation
	Fehler-Simulation 10 min / 10^3 Gatter · 10^3 Bitmuster max. $5 \cdot 10^4$ Gatterfunktionen	
	Register-Transfer-Simulation 0.05 sec / Takt-Zyklus Kompl. abh. von Abstraktion	

Tabelle 2. CAD-Programme für den physikalischen Entwurf:
Leistungsstand und Anforderungen

Physikalischer Entwurf (Layout)	Leistungsstand der CAD-Funktion (Rechenzeit auf 7.760)	Anforderungen und Ziele
Zellen-Schaltungen	Layoutprogramme für optimierte, starre Zellen (Standard- / Allgem. Zellen) 300 sec / 100 Zellen für Plazieren und Verdrahten Kein Programm für variable, MOS-gerechte Zellen!	Layout-System für MOS-gerechte, variable Zellenschaltungen mit - Integration von Algorithmen und Interaktivität - Hierarchischer Strukturierung Ziel: Beherrschung der VLSI-Komplexität
Transistor-Schaltungen	Erste Programme im Test für - PLA-Generierung - symb. Layouterstellung 10 min / 100 Trans. max.1000 Trans.	Technologieunabhängiges System für - Layoutgenerierung von reglären Strukturen - symbolische Layouterstellung mit autom. Kompaktierung Ziel: Verbesserung und Beschleunigung

Tabelle 3. CAD-Programme für die Layout-Verifizierung:
Leistungsstand und Anforderungen

Layout-Verifizierung	Leistungsstand der CAD-Funktion (Rechenzeit auf 7.760)	Anforderungen und Ziele
Überprüfen der geome- trischen Entwurfs-Regeln (Design Rule Check)	Standard-Werkzeug heutiger IC-Entwicklung 0.5 sec / Trans.	Beherrschung der VLSI-Komplexität durch Ausnutzen von Regularität und Hierarchie
Vergleich von Stromlaufplan und Layout (Network Comparison)	Werkzeuge in Entwicklung - für Transistorschaltungen 5 sec / Trans. - für Zellenschaltungen 1 sec / Zelle	Beschleunigung um Faktor 10 ... 100
Überprüfen des dynamischen Verhaltens (Simulation mit Layout-Daten)	Keine automatische Kopplung von Layout-und Simulationsprogrammen!	Automatische Versorgung der Simulationsprogramme mit Layout-Daten

Ein CAD-System für Zellenschaltungen und Gate Arrays

Eckhardt Baltin

Eckhardt Baltin

0 Einleitung

Das durchgängige CAD-System PRIMUS C unterstützt den Entwurf von kundenspezifischen Halbleiter-Schaltungen in der Form von Zellen-Bausteinen und Gate Arrays. Für beide Baustein-Arten werden vorbereitete Teile verwendet, die in sog. Zellenbibliotheken hinterlegt sind, für Gate Arrays stehen außerdem ein oder mehrere vorgefertigte Master-Siliciumscheiben zur Verfügung.

Für Zellenbausteine liegen in der Zellenbibliothek fertig entworfene, rechteckige Zellen (Standard- und allgemeine Zellen) mit vorgegebenem Funktionsumfang (z.B. 2-NAND, FLIP-FLOP) vor. Beim Entwurf des geplanten Chips müssen die entsprechend der logischen Funktion ausgewählten Zellen für das Gesamtlayout flächenoptimal angeordnet und verbunden werden. Für die Herstellung der Chips sind sämtliche Prozeßschritte (ca. 10-12 je nach Technologie) erforderlich.

Für Gate Array liegen vorgefertigte Chips (Master) mit einer jeweils festen Zahl von Grundschaltungen (aus Transistoren und Widerständen) in fest vorgegebenen Bereichen (Zellenplätzen) vor. Diese Grundschaltungen können durch entsprechende interne Verbindungen (Intra-Zellen-Verdrahtung, Bestandteil der Zellenbibliothek) logische Grundfunktionen annehmen. Durch eine zusätzliche, aufgabenspezifische Verbindung der Zellen untereinander (Inter-Zellen-Verdrahtung) entsteht die endgültige Funktion des Bausteins. Für die Herstellung sind pro Entwurf nur die restlichen Prozeßschnitte (ca. 1-3) für die noch zu realisierende Intra- und Inter-Zellen-Verdrahtung durchzuführen. Der Funktionsumfang eines Gate Array ist durch die angebotenen Master begrenzt.

Der Entwurf der Produkte stützt sich aufgrund der vorhandenen Zellenbibliotheken und, im Falle von Gate Arrays, außerdem aufgrund vorgefertigter Master in einem sehr hohen Maße auf eine Standardisierung ab. Dadurch sollen insbesondere im Bereich kleiner Stückzahlen (bis zu ca. 50 000 p.a.) und geringer Komplexität (bis zu ca. 20 000

Gatterfunktionen) innerhalb kurzer Zeit (einige Wochen) preiswerte Bausteine verfügbar sein. Dieses Ziel setzt u.a. niedrige Entwurfskosten voraus, die nur dadurch erreicht werden können, daß das verwendete CAD-System selbst in starkem Maße auf diese Standards abgestimmt ist. Dies wird durch folgende Maßnahmen erreicht:

- Das CAD-System stützt sich voll auf eine Zellenbibliothek ab, d.h., es können nur solche Schaltungen entworfen werden, die sich aus den logischen Funktionselementen der Zellenbibliothek aufbauen lassen.

- Die Schaltungsbeschreibung (Stromlauf) wird einmal erfaßt und zentral gespeichert, aus ihr werden alle CAD-Programme für Simulation, Layout und Prüfdatenermittlung versorgt.

- Der Entwurfsprozeß ist in Form eines übersichtlichen Verfahrensablaufs gegliedert (Bild 1). Der Anwender kann bei Zusammenarbeit mit einem Design-Center auch nur einen Teil des Entwurfs selbst durchführen.

1 Systemstruktur

Bevor die CAD-Funktionen im einzelnen erläutert werden, soll ein kurzer Überblick über die prinzipielle Systemstruktur gegeben werden (Bild 2).

CAD-Funktionen und Daten sind durch ein Datenhaltungsinterface miteinander verbunden. Sie sind dadurch DV-technisch soweit entkoppelt, daß Änderungen oder Erweiterungen in den Programmen einerseits oder in der Datenhaltung andererseits sich nicht auf den jeweils anderen Bereich auswirken müssen. Die Datenhaltung gliedert sich in die Datenpools "Bibliothek" für Standarddaten (z.B. Zellenbeschreibungen), "Datenbank" für produktindividuelle, strukturierte Daten (z.B. Schaltwerksbeschreibung), "Regal" für produktspezifische Dateien (z.B. Bitmuster) und die Programme für den Datenhaltungszugriff und für die Datenhaltungsdienste (z.B. Erzeugung einer Signalliste).

Die Benutzeroberfläche vermittelt dem Anwender den Zugang zur Systemsteuerung, zu den CAD-Programmen und zur Datenhaltung. Die Auswahl von CAD-Funktionen und ihre Versorgung mit Parametern geschieht über Masken in der gleichen Form wie der Start des Systems und das

Einrichten von Datenpools. Änderungen am Datenbestand sowie die gezielte Steuerung von und Eingriffe in CAD-Programme geschehen über eine formatfreie Benutzersprache im Dialog. Für den graphischen Dialog sind Grafikgeräte in das System integriert.

2 Verfahrensablauf

2.1 Funktioneller Entwurf

Wesentlich für ein rationelles Arbeiten mit einem Entwurfsystem ist die einmalige Erfassung von Daten, die an vielen Stellen benötigt werden. Dies geschieht in dem zu beschreibenden CAD-System in der Form, daß der Stromlauf mit definierten Symbolen auf einem graphischen Bildschirm erstellt wird (Bild 3). Die in dieser Stromlaufdarstellung enthaltene Netzinformation wird in der Datenhaltung gespeichert. Sie kann dort über das Grafiksystem oder mit Hilfe der Benutzersprache geändert werden.

Änderungen am Stromlauf werden additiv zum Datenbestand hinzugefügt, so daß eine Versions-Verwaltung der Stromläufe möglich ist. Die erfaßten bzw. geänderten Daten können unterschiedlichen Kontrollen unterzogen werden, z.B. auf Eindeutigkeit der Namen, Vollständigkeit von Netzen oder auf Übereinstimmung mit Angaben in der Bibliothek. Der Inhalt der Datenhaltung kann außer als Stromlaufblatt auch in Form von Signallisten dargestellt werden.

An die Stromlauferfassung schließt sich die Entwurfs-Simulation an. Zum Einsatz kommt ein ereignisgesteuerter Logiksimulator für 4 logische Werte (0, 1, X, high impedance).

Die am häufigsten vorkommenden Schaltungsmodelle sind in Simulations-Modellbibliotheken als Typ-Unterprogramme hinterlegt, sie sind vollständig mit der Layout-Zellenbibliothek abgestimmt. Der Simulator berücksichtigt Gatterlaufzeiten (enthalten in der Modellbibliothek) und Leitungslaufzeiten, die aus dem Layout ermittelt worden sind. Der Simulator wird mit der über den Stromlaufplan in die Datenhaltung eingegebenen Schaltungsbeschreibung versorgt. Aufgrund der Simulationsergebnisse notwendig werdende Schaltungsänderungen werden in der Datenhaltung über einen entsprechend geänderten Stromlaufplan vorgenommen, diese Änderungen an der Schaltwerksbeschreibung werden dabei in der Datenhaltung als Ausgabestände geführt.

Schaltungen müssen zunehmend prüffreundlich entworfen werden, um bei den geforderten kurzen Entwurfs- und Herstellzeiten auch den Aufwand für die Prüfdatenermittlung zu minimieren. Nach Abschluß des funktionellen Entwurfs ist es daher notwendig, mit einem Fehlersimulator den möglichen Fehlererkennungsgrad zu ermitteln und gegebenenfalls Modifikationen an der Schaltung vorzunehmen. Die Prüfbarkeit und damit die Erstellung von Prüfprogrammen werden erleichtert, wenn vorgegebene Strukturregeln beim Logikentwurf eingehalten worden sind. Für diese Strukturanalyse sind ebenfalls Werkzeuge vorhanden. Eine weitere Möglichkeit, prüffreundliche Entwürfe zu erreichen, besteht im Spendieren von Zusatzlogik z.B. für einen Prüfbus. Diese Lösungen ermöglichen dann eine vollautomatische Generierung der Prüfbitmuster und der Prüfprogramme.

2.2 Physikalischer Entwurf

Nach durchgeführter Simulation und Prüfbarkeitsanalyse kann mit dem physikalischen Entwurf begonnen werden. Bis zu diesem Punkt bestand im Entwurf kein Unterschied zwischen Zellenbausteinen und Gate Array - es handelte sich in beiden Fällen um Entwürfe auf Zellenbasis. Jedoch sind für die sich aus den unterschiedlichen Zellenkonzepten ergebenden verschiedenen Aufgaben auch verschiedene Algorithmen und Strategien notwendig. So stehen z.B. beim Gate-Array-Entwurf nur eine feste Anzahl vorgegebener Einbauplätze zur Verfügung, die von den Zellen je nach ihrer Funktion unterschiedlich genutzt werden. Bei Entwürfen mit Standardzellen müssen diese zeilenweise angeordnet werden, der Abstand der Zeilen zueinander richtet sich nach der Leitungsdichte in einer Gasse. Die Verdrahtung geschieht bei beiden Zellenkonzepten in der Regel in einem zugrundegelegten Raster. Allgemeine Zellen können beliebig angeordnet werden, die Verdrahtung wird ohne zugrundegelegtes Raster durchgeführt.

Für alle drei Bausteintypen sind Entflechtungsprogramme vorhanden, die aus der zentralen Datenhaltung mit der eingangs erfaßten Schaltungsbeschreibung versorgt werden. Sie arbeiten in der Weise, daß erst die Plazierung und anschließend die Wegesuche gerechnet wird. Vorgaben und Sperrgebiete können berücksichtigt werden. Für die Entwürfe mit Standard- und allgemeinen Zellen ist die Möglichkeit eines interaktiven grafischen Eingriffs während des Programmlaufs gegeben. Nicht gefundene Wege müssen von Hand an einem Grafiksystem nachgelegt werden.

Nach allen personellen Eingriffen in das Layout (oder in die Logik) sollte grundsätzlich immer ein automatischer Vergleich des Layouts gegen die Logik erfolgen. Da der Entwurf auf Zellenebene und nicht auf Transistorebene stattgefunden hat und da außerdem davon ausgegangen werden muß, daß das in der Bibliothek abgelegte zelleninterne Layout korrekt ist, genügt ein Logik-Layout-Vergleich auf Zellenebene, der zeit- und speicherplatzsparender durchgeführt werden kann als ein vollständiger Vergleich auf Transistorebene. Das notwendige Vergleichsprogramm ist ebenfalls in das CAD-System integriert.

Nach automatischer Entflechtung und interaktiv-grafischer Nacharbeit einschließlich Logik-Layout-Vergleich wird der Entwurf seitens des Entwicklers einer Endkontrolle unterworfen. Diese umfaßt die Überprüfung auf Einhaltung elektrischer Entwurfsregeln, die Ermittlung der Leitungslaufzeiten aufgrund der realen Leitungslängen aus dem Layout und die anschließende Logiksimulation mit diesen Leitungslaufzeiten.

2.3 Unterlagenerstellung

Aus den Layoutinformationen können die Steuerbänder für das Maskenzeichnen generiert werden. Dabei entsteht bei Gate Arrays ein Maskensatz ausschließlich für die noch fehlende Verdrahtungsebene, für Zellenbausteine ein kompletter Maskensatz für alle Prozeßschritte.

Für die Prüfdatenermittlung werden die Bitmuster zur Fehlererkennung generiert. Das Generatorprogramm wird zu diesem Zweck ebenfalls mit der eingangs erfaßten Schaltungsbeschreibung aus der Datenhaltung versorgt. Mit den generierten Prüfbitmustern und der Kenntnis über die physikalische Pin-Anordnung aus dem Layout kann dann das Prüfprogramm automatisch erzeugt werden. Bei einem prüffreundlichen Entwurf kann die notwendige personelle Überarbeitung der generierten Bitmuster gering gehalten werden. Dies kommt dem Ziel einer kurzen Entwurfs- und Herstellzeit bzw. niedriger Entwurfskosten bei Custom-LSI sehr entgegen. Erforderlich ist allerdings die Sicherstellung der Prüffreundlichkeit des Entwurfs vor Beginn der Layoutphase.

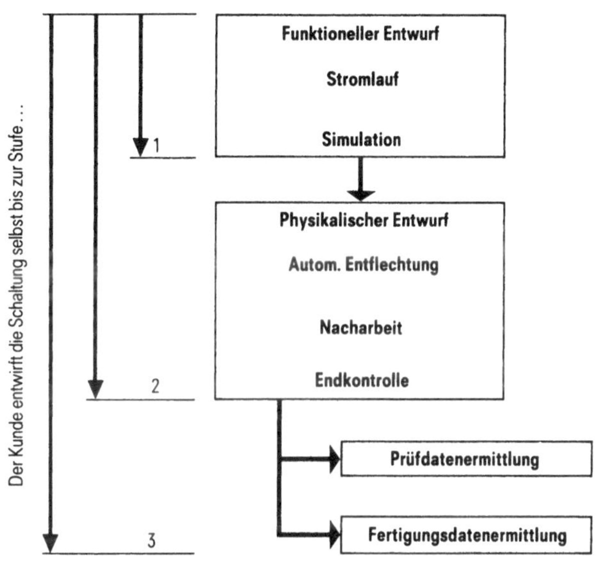

Bild 1. Verfahrensablauf

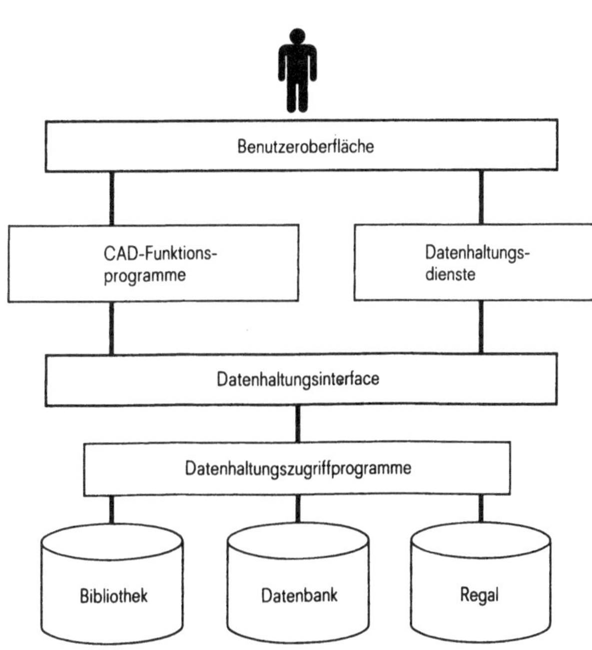

Bild 2. Systemstruktur

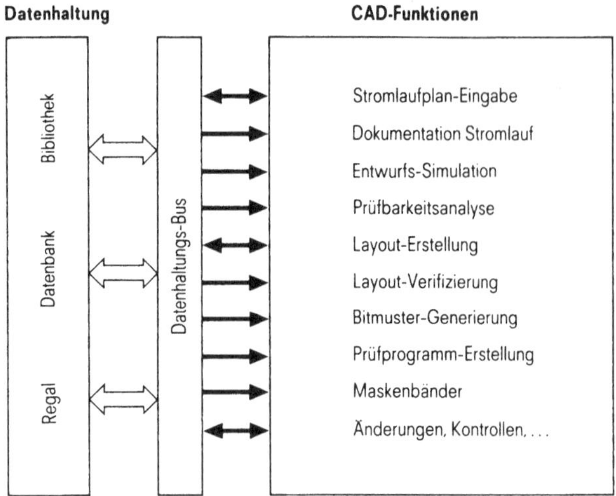

Bild 3. CAD-Funktionen und Systemkern

Die logische Simulation – Ein Werkzeug für den System- und Schaltwerksentwurf

Franz Klaschka und Dieter Frantz

0 Einführung

An den Anfang unserer Betrachtung über die logische Simulation als
Werkzeug für den System- und Schaltwerksentwurf stellen wir die
Begriffsdefinition: Was verstehen wir unter Entwurf auf System-
und Schaltwerksebene? Zur Eingrenzung des Umfelds für ein CAD-Werk-
zeug geben wir einen kurzen Überblick über die Anforderungen, denen
sich der Hardware-Entwickler gegenübersieht. In den nächsten Ab-
schnitten beschäftigen wir uns mit den Fragen, welche Unterstützung
die logische Simulation insbesondere für den Top-Down-Entwurf bieten
kann und welche allgemeine Forderungen an ein Simulationsprogramm
gestellt werden. Anschließend beschreiben wir zwei im Einsatz befindliche Simulationssysteme und gehen auf die Schwerpunkte der
Weiterentwicklung ein.

1 Der Entwurfsprozeß vom System bis zum Schaltwerk

Den Bereich vom Systementwurf bis zum Schaltwerksentwurf teilen
wir in drei Ebenen, die Systemebene, die Transferebene und die Schaltwerksebene. Die Abgrenzung zwischen den einzelnen Bereichen ist
nicht streng, es gibt vielmehr fließende Übergänge. Eine grobe Charakterisierung der Ebenen läßt sich wie folgt angeben:

Die Systemebene ist u.a. gekennzeichnet durch eine integrierte Betrachtungsweise von Hardware und Software. Hier interessieren Fragen
nach der Konfiguration des Systems, dem Durchsatz von Daten, der
Auslastung von Systemkomponenten und damit verbundenen Antwortzeiten,
um nur einige zu nennen. Unter dem Aspekt des hier betrachteten
VLSI-Entwurfs haben wir es vorwiegend mit dem Grenzbereich zwischen
klassischer Systemebene und Transferebene zu tun. Wir betrachten
deshalb im folgenden beide Ebenen gemeinsam.

Auf Transferebene ist die Betrachtungsweise der Schaltung vorwiegend
funktional, d.h., es werden mehr die Funktionen der Hardware als

die Hardware selbst beschrieben. Hier gilt es, Algorithmen und Zu-
standsübergangs-Diagramme zu verifizieren, eine Aufteilung in Hardware und Software zu treffen, eine funktionale Blockstruktur und
Datenstruktur zu definieren sowie die Befehlsformate für Mikropro-
gramme festzulegen. Die Belange der Prüfbarkeit von Schaltungen
sollten bereits hier berücksichtigt werden. Zu Beginn des Trans-
ferentwurfs findet eine vorwiegend algorithmische, funktional orientierte Darstellung des logischen und zeitlichen Verhaltens Anwendung.
Im weiteren Verlauf des Entwurfs, je mehr Detailinformationen einfließen, nimmt die strukturelle, physikalisch orientierte Betrachtungsweise zu. Diese Übergänge zwischen funktionaler und struktureller Betrachtung unter Hinzunahme zusätzlicher Details stellen
einen Syntheseprozeß, einen kreativen Vorgang dar, der vom Entwickler
zu leisten ist.

Die Schaltwerksebene schließlich ist die Ebene der physikalischen
Verbindungen zwischen den logischen Elementen, wobei wir als logisches Element einen komplexen Baustein, eine Zelle, aber auch ein
UND-Gatter oder ein Transfergatter betrachten. Beantwortet werden
müssen hier Fragen nach dem logischen und dem zeitlichen Verhalten
sowie nach der Prüfbarkeit der Schaltung. Die logische Verschaltung
der Elemente, Schaltzeiten und Leitungslaufzeiten sind hier die
wichtigsten Parameter.

Die zunehmende Komplexität digitaler Schaltungen bringt es mit sich,
daß solche Entwicklungsaufgaben nicht mehr Einzelleistungen darstellen, sondern mehr und mehr von Entwicklungsteams durchgeführt
werden. Die Anforderungen an solche Teams steigen mit dem Integra-
tionsgrad und dem Leistungsumfang der zu entwickelnden Objekte und
verlangen zunehmend den Einsatz von CAD-Werkzeugen zur Bewältigung
der anstehenden Aufgaben.

Aufgaben und Probleme, denen sich die Hardware-Entwickler gegenüber
sehen, sind die Entwicklung neuer, effizienter Architekturen und
Algorithmen, die nicht zuletzt durch den steigenden Integrations-
grad von VLSI-Schaltungen an Bedeutung gewinnen, ferner, das Zusammenspiel zwischen Hardware, Firmware und Software in den Griff
zu bekommen, Schnittstellen für parallele Entwicklungsschritte eindeutig zu definieren und die Konsistenz sequentieller Entwicklungsschritte zu sichern.

2 Entwurfsunterstützung durch logische Simulation

Die logische Simulation ermöglicht dem Entwickler die Überprüfung
seines Schaltungsmodells zu einem frei wählbaren Zeitpunkt im Entwurfsprozeß von der Systemebene bis zur Schaltwerksebene. Durch
Verifizierung des logischen und des zeitlichen Verhaltens der Schaltung in jeder Phase des Entwurfs werden die Übergänge zwischen
den Phasen sicherer, d.h., neue Festlegungen, neue Details (z. B.
die Überlagerung eines reinen Zustands-/Übergangsdiagramms mit einem
Taktsystem) basieren auf einem abstrakteren, aber bereits verifizierten Modell. Durch dieses Vorgehen kann die Konsistenz sequentieller
Entwicklungsschritte gewährleistet werden.

Schwachstellen im Entwurf werden in der Phase aufgedeckt, in der
sie entstehen. Dadurch wird die Fehlersuche wesentlich vereinfacht.
Durch die frühzeitige Fehleraufdeckung entfällt ein kosteninten-
sives und zeitraubendes Redesign über mehrere Entwicklungsphasen.
Die Erprobung und das Austesten von Hardware-Entwicklungen am Prototyp werden bei VLSI-Schaltungen vom Zeit- und vom Kostenaufwand
her zunehmend ineffektiv, wenn nicht gar unmöglich. Hier bietet
die logische Simulation einen guten Ersatz. Zu jedem Zeitpunkt können die Zustände der Signale beobachtet und bei Auftreten von Fehlern korrigiert werden, ohne das Modell sofort ändern zu müssen.
Damit wird ein Austesten der Schaltungen ermöglicht, ähnlich dem
Test an einem aus diskreten Bausteinen aufgebauten Prototyp, ohne
aber Aufwand für Testaufbauten oder gar Hardware-Modelle (VLSI-Nach-
bildung) erbringen zu müssen. Änderungen der Schaltung können ohne
große Kosten und ohne großen Zeitaufwand durch reine Änderung von
Modellbeschreibungen durchgeführt werden.

Durch die formale Beschreibung eines Schaltungsentwurfs auf System-
und Transferebene sowie auf Schaltwerksebene in den verschiedenen
Entwurfsphasen wird eine eindeutige Dokumentation sichergestellt.
Dies erleichtert allen am Entwicklungsprozeß Beteiligten die Kommunikation. Dabei werden Absprachen zwischen Entwicklern und Schnitt-
stellendefinitionen für parallel arbeitende Entwicklungsteams vereinfacht und vor allem eindeutig.

Schritthaltend mit dem Hardware-Entwurf können Testdaten entwickelt
und auf Vollständigkeit mit Hilfe des Simulationsmodells überprüft
werden. Die Zeitspanne für den Layout-Entwurf, die Fertigungsunter-
lagenerstellung und die erste Musterfertigung kann mit weitergehenden

Testläufen am Simulationsmodell genutzt werden. Mit Abschluß der Hardware-Entwicklung liegt dann ein erprobter Testdatensatz vor, der zur Prüfung der Muster (VLSI, Prototyp) verwendet werden kann.

Durch Simulation in der frühen Entwurfsphase können Algorithmen und Archtitekturen nicht nur verifiziert, sondern auch bewertet werden. Somit können am Anfang einer Entwicklung verschiedene Varianten einander gegenübergestellt und die Entscheidung für einen bestimmten Entwurf durch berechnete (simulierte) Daten abgestützt werden. Grundsätzliche Entwurfsüberlegungen wie Zustands-/Übergangs-diagramme können schrittweise detailliert (Einbeziehung von Zeitbedingungen) und verifiziert werden. Eine funktionale Gliederung der Schaltung mit klaren Schnittstellen bildet die Basis für die weitere parallele Entwicklung der einzelnen Funktionskomplexe.

Die Beschreibung auf Baustein-/Zellen- oder Transfergatter-Ebene stellt das Bindeglied zum Layout dar und ermöglicht über eine direkte Zuordnung die Überprüfung der Konsistenz zwischen Layout und Logikstromlauf. Daten wie Leitungslaufzeiten und kapazitive Belastungen, die erst nach dem Layout-Entwurf vorliegen, können in das bestehende Schaltwerkmodell übernommen, und ihr Einfluß auf das logische und zeitliche Verhalten kann durch Simulation überprüft werden.

3 Allgemeine Forderungen an ein Simulationssystem

Die rein technischen, simulationsspezifischen Leistungen eines Simulationssystems sind zwar Voraussetzung für einen erfolgreichen Einsatz, gleichwohl sind sie nicht ausreichend für die Akzeptanz. Mit entscheidend hierfür ist eine benutzerfreundliche Gestaltung des Systems. Betriebssystemkenntnisse sollten möglichst nicht notwendig sein, die Bedienung des Systems soll leicht erlernbar und ausgerichtet auf das Ziel sein, d.h. ausgerichtet auf die den Entwickler interessierenden Ergebnisse.

Der Ablauf (Prüfung der Eingabedaten, Simulation und Ergebnisausgabe) muß effizient sein, d.h. wenig Rechenzeit benötigen und kurze Reaktionszeiten, die entscheidend für einen effektiven Dialogbetrieb sind, aufweisen. Die Datenerfassung für Beschreibungen auf gleicher Ebene darf nicht mehrfach notwendig werden. Eine neue Erfassung von Daten muß auf Teile beschränkt bleiben, die durch Neustrukturierung oder Hinzunahme von Detailinformationen sich im Inhalt ändern.

Die Durchgängigkeit der Logiksimulation von der System- bis zur Schaltwerksebene ist eine wichtige Forderung. Damit meinen wir, gleiche Datenkategorien, wie Strukturdaten, Funktionsdaten oder Technikdaten, sollen in den verschiedenen Entwurfsebenen in jeweils gleicher Form beschreibbar sein. Zum Beispiel sollen funktionale Beschreibungen von Blöcken auf Transferebene auch für die Schaltwerksebene unverändert verwendbar sein und nicht in einer modifizierten Form beschrieben werden müssen. Die Bedienung der Simulation, die Vorgabe von Stimulidaten und die Auswertung der Simulationsergebnisse sollen für den Entwickler möglichst unabhängig von der betrachteten Ebene sein.

Das Simulationssystem muß sich in ein CAD-Gesamtsystem harmonisch einfügen. Neben der schon erwähnten Einmalerfassung von Daten sollten auch Ergebnisdaten von Simulationsläufen für nachfolgende CAD-Programme, z. B. für die Prüfprogrammerstellung, verwendbar sein.

4 Das Transfersimulationssytem CAP

Die wichtigsten Komponenten des Systems sind in Bild 1 zu sehen. Der Monitor bildet die Schnittstelle zum Benutzer und verwaltet den Ablauf der einzelnen Funktionen mit den zugehörigen Daten. Die Bedienung des Systems ist dialogorientiert, wobei aber rechenzeitintensive Funktionen wahlweise als Batch-Aufträge durchgeführt werden können. Der Entwickler kann vom System jederzeit den Bearbeitungsstand seines Modells abfragen, er kann sich über aufgetretene Fehler informieren und nicht zuletzt bei der Bedienung des Systems unterstützt werden (HELP-Funktion). Die Verwendung von Kommandodateien für häufig benutzte Kommandofolgen, z. B. Definition der für ein Signaldiagramm aufzubereitenden Signale, reduziert den Bedienungsaufwand auf ein Minimum.

Ein maskengesteuerter Editor zur Erfassung und Änderung von Daten in Verbindung mit dem Postprozessor zur Ergebnisauswertung gewährleisten, daß der Entwickler alle Funktionen von der Datenerfassung bis zur Datenausgabe in einem geschlossenen System durchführen kann und dadurch praktisch ohne Betriebssystemkenntnisse auskommt. Der Korrekturzyklus wird erleichtert durch Einblenden der Fehlermeldungen in die Eingabedaten.

Die Modellbeschreibung der Schaltung und die Beschreibung der Bitmuster werden vom Modellcompiler bzw. Bitmustercompiler syntaktisch und semantisch geprüft und in die für den Simulator erforderlichen Datenstrukturen übersetzt. Ein automatisches Aufsetzen der Simulation vom letzten gültigen Fixpunkt (z. B. bei Erweiterung der Bitmusterbeschreibung) erhöht die Effizienz des Systems sehr wesentlich.

Bestimmender Bestandteil des Systems ist die Hardwarebeschreibungssprache CAP/DSDL. Die zugrundeliegende Sprachphilosophie ist allgemein und damit anwendungsunabhängig, d.h., sie schränkt den Anwender möglichst wenig in seiner Betrachtungsweise ein. Die Sprache unterstützt die rein logische, verhaltensorientierte Beschreibung sowie die strukturell kompositorische Beschreibung und Mischformen von beiden. Es lassen sich getaktete sowie asynchrone Systeme beschreiben. Komplexe Datenstrukturen, überlagert mit verschiedenen Sichten, unterstützen den dokumentierenden Charakter der Sprache und erleichtern sowohl die Beschreibung des Hardware-Modells als auch die Auswertung der Simulationsergebnisse. Nebenläufige und parallele Prozesse lassen sich ebenso direkt beschreiben wie sequentielle Abläufe. Unterbrechungsstrukturen können unmittelbar durch entsprechende Sprachkonstrukte formuliert werden, was bei der Übernahme von Betriebssystemfunktionen in die Hardware von Interesse ist. Das Zeitverhalten läßt sich mit hoher Genauigkeit beschreiben. So kann jedem Transfer und jeder Zuweisung eine Zeit zugeordnet werden, wobei auch eine Unterscheidung von Anstiegs- und Abfallzeiten sowie die Definition von Unsicherheitsintervallen möglich sind.

Ein Schaltwerk ist immer nur zusammen mit festgelegten Betriebsbedingungen als korrekt anzusehen. Als Beispiel hierfür seien genannt: unzulässige Ansteuerungen, Überwachung von Zeitbedingungen und Signalzustandskombinationen. Um zwischen tatsächlichen Entwurfsfehlern und falschen Betriebsbedingungen definiert unterscheiden zu können, erfolgt die laufende Kontrolle während der Simulation über explizit definierte, sogenannte Assertions. Diese gehören nicht zum Schaltungsmodell im engeren Sinn. Darüberhinaus können Assertions natürlich auch verwendet werden, um z. B. eine stichprobenartige Auswertung der Simulationsergebnisse automatisch bereits während der Simulation durchzuführen.

Für die Simulation von Modellen auf Transferebene haben sich die drei logischen Zustände 0, 1 und Undefiniert als ausreichend erwiesen. Aus Gründen, auf die wir später noch eingehen, ist eine Erweiterung der Anzahl der logischen Zustände auf sieben vorgesehen.

Die Ergebnisse der Simulation können wahlweise über Bildschirm oder Drucker in Signaldiagrammform dargestellt werden. Zur Auswahl der Signal- und Zeitbereiche gibt es sehr komfortable Auswahlkriterien. Zum Beispiel können Signale mit gleichem Präfix im Namen in die Ausgabe einbezogen oder aber auch davon ausgeschlossen werden. Die Dialogausgabe der Signaldiagramme wird durch Blätterfunktionen sowohl in der Zeitachse als auch in der Signalachse unterstützt. Logisch voneinander abhängige Signale können zu verschiedenen Gruppen zusammengefaßt werden. Der Signalverlauf kann ereignisorientiert oder zeitrasterbezogen mit variablem Offset dargestellt werden (Lupe- bzw. komprimierte Darstellung). Die Signalzustände können binär, hexadezimal, dezimal, in EBCDIC und in anderen Codeformen dargestellt werden.

Zur Unterstützung des Austestens der Simulationsmodelle kann für jeden Signalwechsel die dieses Ereignis auslösende Zeile der Modell- oder Stimulibeschreibung protokolliert werden, wodurch die Zusammenhänge zwischen Simulationsergebnissen und Modellbeschreibungen leicht zu verfolgen sind.

Das System CAP befindet sich bei einigen LSI- und VLSI-Entwicklungen im produktiven Einsatz. Als Beispiele seien genannt: ein integrierter Peripherieprozessor für die Steuerung von Plattenspeichern, ein Datenübertragungsprozessor und ein Baustein zum Anschluß von Direktzugriffsspeichern (DMA-Controller). Diese Produkte wurden überwiegend in MOS-Technologie, zum Teil aber auch auf der Basis von bipolaren Gate-Arrays und konventionellen TTL- und ECL-Bausteinen realisiert. Aufgrund der komplexen Architektur des DMA war hier die Vorgehensweise nach den Prinzipien des Top-Down-Entwurfs besonders wichtig. Jeder Entwurfsschritt, angefangen von den Basisüberlegungen mit Ablaufdiagrammen, wurde durch Simulation verifiziert, bevor der Entwurf weiter verfeinert wurde. Ein wichtiges Argument für den Einsatz der Transfersimulation bei der Entwicklung des Datenübertragungsprozessors war die Möglichkeit, die Testprogramme für den ersten Prototyp bereits parallel zum Entwurf, zur physikalischen Realisierung (Layout) und zur ersten Musterfertigung erproben zu können. Die Testmuster der Transfersimulation werden nach Definition der Schaltwerksebene bzw. nach dem Layout-Pro-

zess (mit exakten Leitungslaufzeiten) für die Schaltwerksimulation
verwendet.

Zu den obengenannten Schaltungen seien einige Kenngrößen genannt:
Peripherieprozessor mit etwa 80.000 Gatterfunktionen, Datenüber-
tragungsprozessor mit etwa 40.000 und DMA-Controller mit etwa 20.000
Gatterfunktionen und vierstufigem Pipelining.

Die Übersetzung einer Transfermodellbeschreibung inklusive syntak-
tischer und semantischer Kontrollen sowie die Aufbereitung für die
Simulation erfolgen mit etwa 55 Zeilen pro CPU-Sekunde auf einem
Rechner mittlerer Leistung des Siemens-Systems 7.500. Die Transfersimulation bearbeitet etwa 500 Ereignisse pro CPU-Sekunde, wobei zu beachten ist, daß die Datenobjekte und die Datenoperationen,
die in ein Ereignis abgebildet werden, in der Regel komplexerer
Natur sind als auf Schaltwerksebene.

5 Das Schaltwerksimulationssystem VERDIPUS

Mit dem Simulator VERDIPUS werden VLSI-Bausteine, Gate-Array-Bau-
steine, Baugruppen und Funktionseinheiten verschiedener Technologien auf Schaltwerksebene simuliert. VERDIPUS wird sowohl für die
Entwicklungsunterstützung als auch für die Prüfvorbereitung, hier
als Richtig- und als Fehlersimulator, angewendet.

VERDIPUS ist für den Dialog- und den Batchbetrieb ausgelegt. Bedingt
durch einen schon mehrere Jahre dauernden Einsatz bietet VERDIPUS
eine eigene Datenverwaltung einschließlich formaler und logischer
Prüfungen an und kann dadurch unabhängig von anderen CAD-Systemen
eingesetzt werden. Daneben wird VERDIPUS auch im Verbund mit einer
zentralen Datenhaltung (Basis-CAD-System), die als Drehscheibe für
alle CAD-Programme dient, betrieben.

Neben der systemeigenen Datenverwaltung sind die weiteren wichtigen
Komponenten des Systems (siehe Bild 2) die Module zur Aufbereitung
der Schaltwerksbeschreibung und der Bitmusterbeschreibung in die
simulatorinternen Datenstrukturen, der eigentliche Simulator, der
Postprozessor zur Auswertung der Simulationsergebnisse und schließlich der Monitor zur Steuerung des Gesamtsystems. Der Postprozessor ermöglicht neben der Aufbereitung der Simulationsergebnisse
in Signaldiagrammdarstellung auch die Auswertung von Instabilitäten

aufgrund von Rückkopplungen sowie die Ausgabe von Hazardbedingungen und Buskurzschlüssen, was beim VLSI-Entwurf von großer Bedeutung ist.

Zur Steigerung der Effizienz ist bei VERDIPUS genauso wie bei dem Transfersimulator CAP die Ausnutzung von Fixpunkten mit einem Wiederaufsetzen der Simulation möglich.

Die Fehlersimulation wird nach dem Prinzip der parallelen Methode bei gleichen Leistungsmerkmalen wie die Richtigsimulation durchgeführt. Das verwendete Fehlermodell ist das der Stuck-At- und der Kurzschlußfehler.

VERDIPUS arbeitet durchgängig mit den drei logischen Zuständen 0, 1 und Undefiniert. Für die exakte Nachbildung bestimmter Elemente der MOS-Technologie wie dem Transfergatter wird für die Simulation noch ein vierter, hochohmiger Zustand verwendet.

Die Simulatorgrundelemente umfassen neben einfachen Gattern auch komplexe Elemente wie Register, Zähler, Speicher, ALU, bidirektionales Transfergatter und speichernde Busverbindungen. Jedem Ausgang eines Grundelements oder eines mittels einer Funktionsbeschreibungssprache definierten Elements können unterschiedliche Anstiegs- und Abfallzeiten zugeordnet werden. Leitungslaufzeiten, explizit vorgegebene Richtwerte oder aus dem Layout automatisch berechnete Werte, können gleichermaßen berücksichtigt werden.

Wichtiger Bestandteil des Systems ist die Bibliothek, in der die Logikelemente, das sind die kleinsten Einheiten der verbindungsorientierten Schaltwerksbeschreibung, definiert sind. Die VERDIPUS-Bibliothek umfaßt Simulationsmodelle für mehrere hundert Bausteine verschiedener Technologien. Daneben existieren verschiedene n-MOS- und CMOS-Bibliotheken auf Standardzellenbasis, die laufend erweitert werden. Ein Bibliothekselement kann direkt ein Simulatorgrundelement, ein mittels einer Funktionsbeschreibungssprache definiertes Element oder ein aus Grundelementen und funktional beschriebenen Elementen zusammengesetztes Schaltwerk sein.

VERDIPUS befindet sich bei Siemens in vier verschiedenen Unternehmensbereichen und im Zentralbereich Technik im Einsatz sowohl zur Unterstützung der Entwicklung als auch für die Prüfvorbereitung. Allein auf dem Gebiet der Prüfvorbereitung gibt es einige hundert Einzelanwender. Die Komplexität der mit VERDIPUS simulierbaren Schaltungen reicht bis zu ca. 200.000 Gatterfunktionen.

Mit der Simulation von ca. 4000 Signalwechseln pro CPU-Sekunde auf einem Siemens-Rechner mittlerer Leistung der Modell-Reihe 7.500 rangiert VERDIPUS in der Spitzengruppe leistungsfähiger Simulatoren.

6 Schwerpunkte der Weiterentwicklung

Basierend auf den Erfahrungen, die durch den Einsatz der beiden Systeme VERDIPUS und CAP gewonnen werden konnten, und neuen technologisch bedingten Erfordernissen werden neue Anforderungen gestellt, die mit einem evolutionär weiter entwickelten Simulationssystem erfüllt werden sollen. Die Struktur dieses Simulationssystems ist in Bild 3 dargestellt. Schwerpunkte der weiteren Entwicklungsarbeiten sind eine einheitliche Benutzeroberfläche für die Logiksimulation von der System- bis zur Schaltwerksebene, eine gemeinsame Datenhaltung mit einem hierarchischen Bibliothekskonzept, die Berücksichtigung der für die MOS-Technologie spezifischen Eigenschaften wie die Ladungsspeicherung in Leitungskapazitäten und das bidirektionale Schaltverhalten der MOS-Transistoren sowie nicht zuletzt die Multi-Level-Simulation für Schaltungen der Größe und Komplexität, wie sie bei VLSI-Entwürfen zu finden sind.

Die Beschreibungssprachen als Bestandteil der Benutzeroberfläche sollen über alle hier betrachteten Ebenen jeweils einheitlich werden. Die Transferbeschreibungssprache dient zur Beschreibung funktionaler Zusammenhänge sowohl auf System- und Transferebene als auch auf Schaltwerksebene für die funktionale Beschreibung von Bibliothekselementen. Die Strukturbeschreibungssprache wird gleichermaßen verwendet für die Beschreibung der Schaltungen auf Schaltwerksebene wie für die Definition von Subschaltungen für Bibliothekselemente. Die Bitmusterbeschreibungssprache schließlich gewährleistet die durchgängige Verwendbarkeit der Testdaten von der System- bis zur Schaltwerksebene. Für alle Funktionskomplexe gemeinsam, wie die Compiler zur Prüfung und Aufbereitung der Eingabedaten oder die Simulatoren, ist die Kommandosprache zur Bedienung des Systems

Für die Simulation spielt die Datenhaltung eine wichtige Rolle. Aus ihr werden die Schaltwerksdaten, die funktionalen Daten sowie die Stimulidaten entnommen, und in ihr werden die Simulationsergebnisdaten abgelegt, die hierarchisch strukturierte Bibliothek enthält jene Daten, die für eine bestimmte Anwendung Grunddaten darstellen, d.h., als Standarddaten anzusehen sind. Die Bibliothek enthält somit Funktionsdaten, Strukturdaten und technische Daten.

Schaltwerksimulator und Transfersimulator sind auf die Belange der verschiedenen Entwurfsebenen zugeschnitten und gewährleisten damit eine effektive Bearbeitung von Beschreibungen auf den verschiedenen Ebenen. Durch die Integration von Transfersimulator und Schaltwerksimulator, die einheitliche Benutzeroberfläche, die gemeinsame Ergebnisauswertung und die zentrale Datenhaltung wird mit diesem System eine echte Multi-Level-Simulation möglich.

Für die Anwendung des Systems bei MOS-Schaltungen werden die für diese Technologie spezifischen Strukturen und physikalischen Funktionen berücksichtigt (z.B. Buskonflikte, Ladungsspeicherung in Leitungskapazitäten, bidirektionales Schaltverhalten von MOS-Transistoren). Für die exakte Nachbildung dieser Effekte ist es notwendig, mit sieben logischen Signalwerten zu arbeiten (0, 1, X, Z und gespeicherte 0, 1 und X). Für die Fehlersimulation von MOS-Schaltungen sind verbesserte Fehlermodelle (stuck-open und stuck-on) erforderlich. Um die Eigenschaften der funktionalen Beschreibungen von Bibliothekselementen voll nutzen zu können, muß die Fehlersimulation nach der Methode des Concurrent-Algorithmus arbeiten.

7 Schluß

Die beiden Simulationssysteme VERDIPUS und CAP haben sich im produktiven Einsatz für den System- und Schaltungsentwurf bewährt. Neue Anforderungen, die sowohl technologisch bedingt sind als auch auf Erkenntnissen aus dem praktischen Einsatz beruhen, werden mit dem zukünftigen Logiksimulationssystem erfüllt. Gleichermaßen werden in dieses System Erfahrungen einfließen, die bei der Entwicklung bereits bestehender Simulationssysteme gewonnen wurden. Von nicht zu unterschätzender Bedeutung für den erfolgreichen Einsatz und die Akzeptanz eines Simulationssystems sind eine intensive Beratung und Unterstützung der Entwickler bei der erstmaligen Anwendung neuer Methoden und Werkzeuge.

8 Literatur

1. J.P.Hayes: A Fault Simulation Methodology for VLSI, Proc. 19th Design Automation Conf., 1982.
2. R.L. Wadsack: Fault Modeling and Logic Simulation of CMOS and MOS Integrated Circuits, Bell System Techn. Journ., May - June 1980.

3. E. Ulrich et al.: Concurrent Simulation of Nearly Identical Digital Networks, Computer, April 1974.

4. E. Ulrich; D. Hebert: Structural vs. Functional Modeling and Simulation, Proc. 19th Design Automation Conf., 1982.

5. D. Borrione; R. Piloty: The CONLAN Project: Status and Future Plans, Proc. 19th Design Automation Conf., 1982.

6. R. Dachauer et al.: The CAP/DSDL-System: Simulator and Case Study, Int. Conf. on CHDL's and their Applications, 1981.

7. A.C. Parker et al.: SLIDE: An I/0 Hardware Descriptive Language, IEEE Trans. on Comp., Vol. C-30, No. 6, June 1981.

8. M.R. Barbacci et al.: Evaluation of Computer Architecture Using ISPS, IEEE Proc., Vol. 127, Pt.E, No. 4, July 1980.

9. P.M. Russo: VLSI Impact on Microprocessor Evolution, Usage and System Design, IEEE Journ. of Sol. State Circuits, Vol. SC-15, No. 4, August 1980.

10.K. Goser: The Challenge of the VLSI Technique to Telecommunications Systems, IEEE Journ. of Sol. State Circuits, Vol. SC-15, No. 4, August 1980.

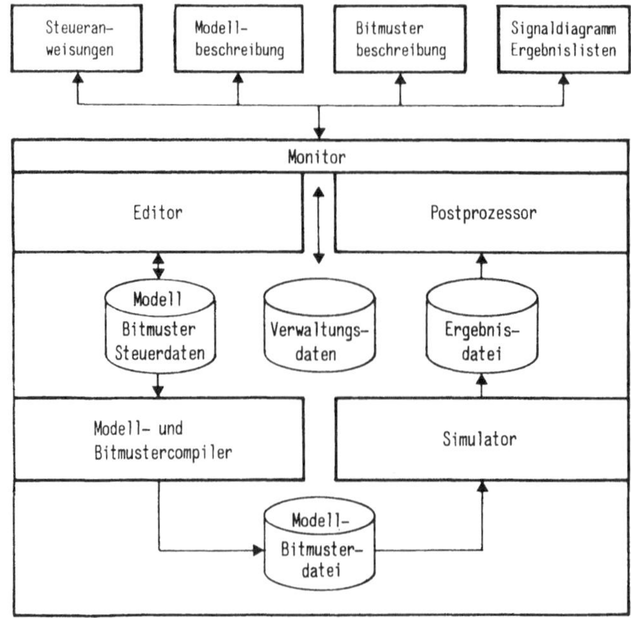

Bild 1. CAP-Systemstruktur

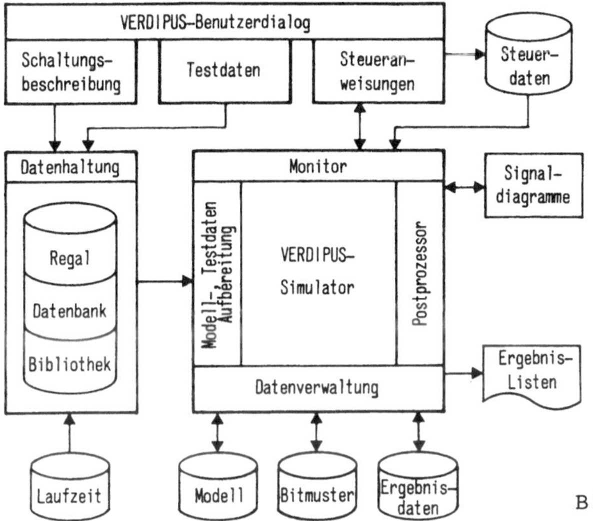

Bild 2. VERDIPUS-Systemstruktur

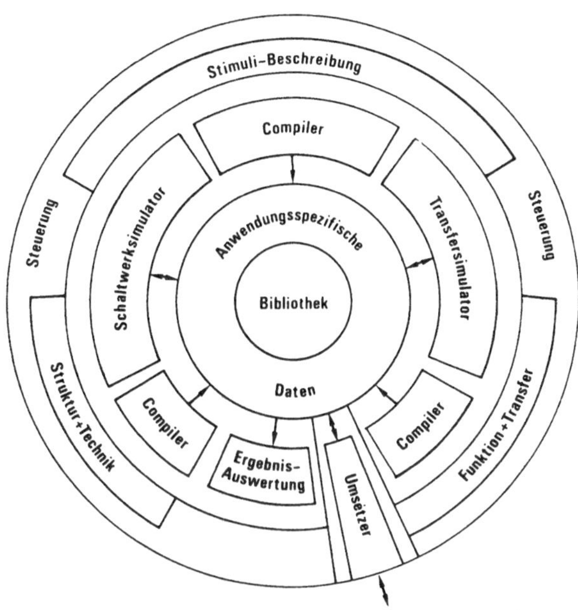

Bild 3. Multi-Level-Simulationssystem

Elektrische Simulation – Anforderungen und praktischer Einsatz

Uwe Feldmann, Johann Harter und Ernst-Helmut Horneber

0 Einleitung

Für den industriellen Entwickler digitaler integrierter Schaltungen ist das Gebiet der elektrischen Simulation derzeit gekennzeichnet durch den
- intensiven Einsatz von Programmen der klassischen Netzwerkanalyse (Circuit-Simulatoren)
- beginnenden Einsatz der Timing- und Mixed-Mode-Simulatoren
- Anschluß einer graphischen Eingabe, Kopplung an Datenhaltung
  und Layout.

Während die Einbettung der Simulation in ein Designsystem ausschließlich im Hause durchgeführt werden muß, kann sich die Industrie bei
den Simulatoren auf zum Teil sehr leistungsfähige Universitätsentwicklungen stützen. Es mag daher zunächst überraschen, daß auch
in der Industrie beträchtliche Anstrengungen zur Unterstützung der
elektrischen Simulation unternommen werden. Sie konzentrieren sich
- bei der Circuit-Simulation auf Einsatzunterstützung, Fehlerbehe-
  bung, Komfortverbesserung und weiteren Ausbau bewährter Programme
  sowie genauere Modellierung des Transistorverhaltens und Beschaf-
  fung der zugehörigen prozeßcharakterisierenden Parametersätze
- bei der Timing- und Mixed-Mode-Simulation auf Übernahme, Anpassung, Erprobung, Verbesserung und gegebenenfalls Einsatzvorberei-
  tung neuer Universitätsentwicklungen
- bei der Einbettung in ein Designsystem auf Definition und Anschluß
  leistungsfähiger Nahtstellen.

Im folgenden werden der aktuelle Stand sowie die Schwerpunkte indu-
strieller Anforderungen bei der elektrischen Simulation für den VLSI-
Entwurf im einzelnen dargestellt. Sie beziehen sich bei Siemens auf
die Programme:

    SPICE2 - S (Circuit-Simulation)
    MOTIS - C (Timing-Simulation)
    MEDUSA   (Mixed Device-Circuit-Simulation)

DIANA   - S (Mixed Circuit-Timing-Simulation)
SPLICE - S (Mixed Timing-Logic-Simulation)
AIGES   (Automatic Input Generation for Electrical Simulation).

Die Bereitstellung zuverlässiger Transistormodellparameter - deren Bedeutung für den Einsatz der elektrischen Simulation hier nocheinmal betont werden soll - wird in diesem Beitrag ausgeklammert.

1 Circuit - Simulation

1.1 Programme und ihre Einsatzbereiche

Die elektrische Schaltungsentwicklung wird bei Siemens im wesentlichen mit einer an interne Bedürfnisse angepaßten, erweiterten

	Projekt MIKE83/PP4	MOS-Entwicklung insgesamt
Zahl der Programmaufrufe pro Jahr	600	12 000
Zahl der Labors	2	35
Anteil der Analysearten (geschätzt)		
ac	/	5%
dc (ohne tr)	2%	10%
tr	98%	85%
Zahl der Transistoren		
typisch	50	
maximal	500	
Zahl der Ausgabezeitpunkte bei tr-Analysen		
typisch	100 - 200	
maximal	1000	
Rechenzeit je Lauf (cpu-sec, Siemens 7760)		
typisch	200	
maximal	5000	
Gesamtrechenzeit pro Jahr (cpu-h, Siemens 7760)	20	300 - 400

Tabelle 1: Kenngrößen der Circuit-Simulation von MOS-Schaltungen

Version des Programmes SPICE 2 (Universität von Kalifornien, Berkeley) durchgeführt. Die Ablösung der Eigenentwicklung HALYSE beim Entwurf von MOS-Schaltungen ist allerdings noch nicht ganz abgeschlossen. Einige charakteristische Kenngrößen für den Einsatz dieser Programme zur Analyse von MOS-Schaltungen sind für ein spezielles VLSI-Projekt (32-Bit-Mikroprozessor) sowie für die MOS-Entwicklung bei Siemens insgesamt in Tabelle 1 zusammengestellt.

Die Circuit-Simulatoren sind demnach zu einem intensiv benutzten Standardwerkzeug geworden, ohne das die MOS-Schaltungsentwicklung heute nicht mehr auskommt. Einer noch stärkeren Nutzung stehen zur Zeit nur zum Teil die Rechenkosten, jedoch wesentlich auch der Aufwand für die Erstellung der Eingabedatei, die Abwicklung der Simulation und die Interpretation der Ergebnisse entgegen. Aus diesem Grund dient ein wesentlicher Teil unserer Arbeiten der Verringerung der gesamten Abwicklungszeit für die Durchführung einer Analyse; dieses wird im folgenden Abschnitt näher erläutert. Durch diese Arbeiten wurde u.a. erreicht, daß das Verhältnis Gesamtkosten/Rechenkosten für eine Simulation in den vergangenen fünf Jahren nicht gestiegen ist, obwohl sich die Kosten für eine Ingenieurstunde erhöht und für Rechenleistungen erniedrigt haben.

1.2 Anforderungen und weitere Entwicklung

Die industriellen Anforderungen an die Circuit-Simulation werden aus den Arbeiten deutlich, die wir zur Pflege und Weiterentwicklung der Netzwerkanalyseprogramme in letzter Zeit durchgeführt haben bzw. planen. Im wesentlichen liegen ihnen drei Zielvorstellungen zugrunde, die im folgenden nach dem Rang ihrer Prioritäten erläutert werden.

- Aktualisierung und Verbesserung der Modellierungsgüte.
  Damit ist die Erfassung und angemessene Modellierung aller physikalischen Effekte gemeint, die beim tatsächlichen Betrieb der simulierten Schaltung eine Rolle spielen (können). Sie werden im allgemeinen durch die Transistormodelle beschrieben, jedoch kommen auch thermische und parasitäre Effekte (z.B. Bipolartransistor bei CMOS) hinzu. Wegen des raschen Technologiefortschritts ist dies eine Daueraufgabe, die stets nur mit einer zeitlichen Verzögerung zur Technologieentwicklung bearbeitet werden kann. Möglicherweise bieten hier neu zu entwickelnde Tabellenmodelle, die

direkt von Messungen oder Device-Simulationen (vergl. Kap. 2) versorgt werden können, einen Ausweg.

- Verbesserung der Zuverlässigkeit und Verminderung der gesamten Simulationskosten.
  Eine hohe Programmzuverlässigkeit ist Voraussetzung für günstige Gesamtkosten der Simulation. Sie wird erreicht durch die laufende Beseitigung von Programmfehlern und -schwächen, eine intensive Anwenderberatung und stabilere Algorithmen. Bei günstiger Programmhantierung lassen sich dann die Simulationskosten hauptsächlich durch Verbesserungen der Ein- und Ausgabe, aber auch durch Beschleunigungsmaßnahmen bei den Algorithmen senken.

- Verbesserung der Designsicherheit.
  Eine nominelle Schaltungsanalyse gibt noch keinen Aufschluß über die Designsicherheit bezüglich veränderter Randbedingungen und fertigungsbedingter Parameterschwankungen. Die Simulation kann den Entwickler bei der Berücksichtigung dieser Einflüsse während der Entwurfsphase durch Empfindlichkeitsanalysen und diskrete oder statistische Parametervariationen unterstützen. Ein weiterer Weg zur Verbesserung der Designsicherheit ist der Anschluß der Simulation an Optimierungsverfahren. Hier lassen neuere Universitätsansätze erwarten, daß mit ihrer Hilfe in Zukunft Teilschaltungen etwa von der Komplexität einer Zelle optimal dimensioniert werden können.

Konkrete Projekte zu den einzelnen Themen, die wir im vergangenen Jahr durchgeführt haben und in den nächsten 1 - 2 Jahren planen, sind in Tabelle 2 aufgelistet. Tabelle 3 enthält den zugehörigen Personaleinsatz.

Als allgemeinen Trend erwarten wir, daß die Circuit-Simulation aufgrund ihrer Universalität und realisierungsnahen Modellierung auch im VLSI-Zeitalter eine wichtige Rolle spielen wird. Hier wird sie hauptsächlich bei der Analyse vorwiegend analoger Funktionsabläufe, d.h. insbesondere beim Zellenentwurf zur Anwendung kommen. Hingegen wird für Analysen z.B. zur Schaltungsverifikation, bei denen eher das digitale Verhalten und Signallaufzeiten interessieren, der zur Zeit noch übliche Einsatz der Circuit-Simulatoren zugunsten von Programmen mit kostengünstigen Verfahren (Timing- oder Waveform-Methoden) zurückgehen.

Thema	Arbeiten	
	derzeit	geplant
Modellierung - Transistormodelle	Beschreibung Übernahme und Weiterentwicklung PSEUMOS/DYNMOS	NMOS 2 μm Unterschwell Temperatur CMOS 2 μm, 1 μm Tabellenmodell
- Thermische Effekte	Elementtemperatur	
Simulationskosten - Zuverlässigkeit - Hantierung - Ein-/Ausgabe - Algorithmen	Fehlerbehebung Anwenderberatung Diagnosehilfsmittel Rahmendialog Interrupt Reoutput Restart Continue geometr. Preprocessing Parametersatzauswahl interaktive, graphische Ausgabe	Fehlerbehebung Anwenderberatung stabile Algorithmen Einbettung in Designsystem Anschluß an Daten- haltung: graphische Eingabe Layout Bibliotheken Analyseergebnisse Tuning
Designsicherheit - Empfindlichkeiten - Parametervariation - Optimierung	 diskret	 tr-sensivity statistisch Anschluß, Erprobung

Tabelle 2: Arbeiten für Circuit-Simulation (MOS)

Thema	Aufwand	
	derzeit	geplant
Modellierung	1	1
Simulationskosten	3	1,5 - 2,5
Designsicherheit	0,5	0,5 - 1,5
gesamt	4,5	4 - 5

Tabelle 3: Personalaufwand für Circuit-Simulation (MOS)

2 Mixed-Device-Circuit-Simulation

Bei der Entwicklung höchstintegrierter Schaltungen gewinnen parasitäre Ströme, Kapazitäten und Widerstände verstärkt Einfluß auf die Transistorfunktion und damit auf das elektrische Verhalten einer Schaltung. Es ist daher notwendig, einzelne Bauelemente mit allen parasitären Elementen in ihrer Schaltungsumgebung zu simulieren. Übliche Programme für die Netzwerkanalyse beschreiben Transistoren und Dioden mit analytischen Modellen, deren Parameter in Testmessungen bestimmt werden müssen. Dieses Verfahren begrenzt zum einen die Genauigkeit der Simulation, zum anderen erlaubt es nur über den Umweg über die Modellparameter, den Einfluß von Prozeßparametern auf das elektrische Verhalten der Schaltung zu untersuchen. Als erstes Netzwerkanalyseprogramm verwendet MEDUSA ein numerisches Modell zur Beschreibung von Elementen des Netzwerks. Damit kann ein interessierendes Bauelement unter realen Arbeitsbedingungen mit der Genauigkeit einer numerischen Simulation untersucht werden. MEDUSA ermöglicht es darüber hinaus, den Einfluß struktureller, physikalischer und technologischer Parameter auf das elektrische Verhalten einer Schaltung in direkter Weise zu ermitteln.

Entwickelt wurde MEDUSA am Institut für Theoretische Elektrotechnik der RWTH Aachen /1/. Die Eingabe von Daten erfolgt formatfrei unter Verwendung von Schlüsselwörtern. Zunächst werden die Parameter für die gewünschten Modelle eingegeben.

Neben dem eindimensionalen numerischen Modell stehen analytische Modelle für Diode, Bipolartransistor, Junction-FET und MOS-FET zur Verfügung. Dann folgen die Netzwerkbeschreibung, wobei hier Teilsysteme zu MACROS zusammengefaßt werden können, sowie Steuerdaten für die Simulation und die gewünschte Ausgabe. Das Programm führt eine transiente Simulation oder eine Gleichstrom-Analyse für einen oder mehrere Arbeitspunkte durch. Ein Output-Prozessor gibt die Ergebnisse in Form von Tabellen und Plots aus.

MEDUSA erlaubt darüber hinaus eine quasi zwei- oder dreidimensionale Simulation von Bauelementen und Schaltungsteilen. Der interessierende Schaltungsteil oder das Bauelemet werden dabei in geeignet gewählte, eindimensionale Schnitte zerlegt, jeder Schnitt wird durch ein numerisches Modell beschrieben. Stromfluß von Majoritätsträgern quer zu diesen Schnitten wird über Koppelelemente berücksichtigt. Mit diesen Elementen kann eine örtlich verschiedene, vom jeweiligen Arbeitspunkt abhängige Leitfähigkeit simuliert werden.

Die Anwendungsmöglichkeit von MEDUSA soll an zwei Beispielen gezeigt werden /1/. Bild 1 zeigt das Layout eines I^2L Gatters sowie die Netzwerkdarstellung des Gatters. Bei der Simulation mit MEDUSA wurden die NPN-Transistoren sowie die Dioden mit numerischen Modellen, die übrigen Transistoren mit analytischen Gummel-Poon-Modellen beschrieben. Damit konnte der Einfluß verschiedener vertikaler Profile auf das elektrische Verhalten der ganzen Schaltung untersucht werden. Ein Beispiel für eine quasi zweidimensionale Devicesimulation mit MEDUSA ist das in /1/ untersuchte Ausschalten eines Bipolartransistors aus Hochinjektion (Bild 2). Der Transistor wird dafür durch 10 eindimensionale Schnitte beschrieben, die jeweils über Koppelelemente verbunden sind. Damit wird sowohl der vertikale Transistorstrom als auch der laterale Basisstrom simuliert. Bei erheblich kürzerer Rechenzeit ergab sich eine befriedigende Übereinstimmung der Ergebnisse der Simulation mit MEDUSA und einer exakten zweidimensionalen Rechnung.

Die Einbettung von numerischen Modellen in ein Netzwerkanalyseprogramm, verbunden mit der Möglichkeit, quasi-mehrdimensionale Simulationen durchzuführen, macht MEDUSA zu einem wichtigen Hilfsmittel für die Entwicklung von VLSI-Schaltungen. Schaltungsteile können bei vertretbarem Rechenzeitaufwand mit hoher Genauigkeit simuliert werden. Die unmittelbare Korrelation von physikalischen und technologischen Parametern zum Schaltverhalten erleichtert wesentlich die Optimierung des Entwurfs.

3 Timing- und Mixed-Circuit-Timing-Logic-Simulation

3.1 Programme, Stand der Erprobung, Einsatz

Timing- und Mixed-Mode-Simulatoren für die Verifikation großer elektrischer Schaltungen in MOS-Technik werden bei Siemens seit etwa 1980 auf Siemens-Rechnern implementiert, verbessert und an Pilotprojekten getestet. Von den Timing-Simulatoren wurden die Programme MOTIS-C /2/ Version 1.3A und Version 2.0 (Universität Kalifornien, Berkeley) erprobt. Sie ermöglichen im wesentlichen eine näherungsweise Circuit-Simulation von MOS-Schaltungen, vorzugsweise in Ratiotechnik, wobei sich gegenüber einer Circuit-Simulation mit SPICE2 etwa ein Zeitgewinn um den Faktor 5 - 15 ergibt. Durch Einbau einer Ereignissteuerung könnte der Zeitgewinn verbessert werden; dies wurde jedoch nicht realisiert, da auch die vorhandenen Mixed-Mode-Simulatoren die Möglichkeit zur Timing-Simulation bieten.

Bei den Mixed-Mode-Simulatoren wurden bis jetzt zwei Programme erprobt. Das Programm DIANA /3/, das mittlerweile in der Version 7D vorliegt, wurde an der Universität Leuven, Belgien, entwickelt und in Zusammenarbeit mit Siemens verbessert. Dieses Programm wird vorzugsweise für die Circuit- und Timing-Simulation eingesetzt. Eine Logic-Simulation ist möglich, bietet jedoch kaum Laufzeit-Vorteile, da sie als Quasi-Timing-Simulation durchgeführt wird. Das Programm hat sich bei zahlreichen Pilotanwendungen bewährt und wurde deshalb vor kurzem mit Siemens-spezifischen Änderungen und Verbesserungen als DIANA-S für die allgemeine Anwendung freigegeben. Es zeichnet sich im Timing-Modus durch relativ kurze Rechenzeiten bei guter Genauigkeit aus. Ein weiterer Mixed-Mode-Simulator, der zur Zeit anhand von Testbeispielen untersucht wird, ist das Programm SPLICE /4/, Version 1A.3 (Universität von Kalifornien, Berkeley). Diese Version kann für eine Timing- und Logic-Simulation eingesetzt werden. Vor einer Freigabe müssen insbesondere Laufzeitverbesserungen im Timing-Modus durchgeführt werden.

3.2 Programmerweiterungen und -verbesserungen

Erfahrungsgemäß sind neuentwickelte Programme, so wie sie von den Universitäten abgegeben werden, für einen sofortigen Einsatz in der industriellen Praxis nicht geeignet. Dies hat verschiedene Gründe; die wichtigsten werden im folgenden aufgeführt, wobei zum Teil angegeben ist, welche Erweiterungen bei den einzelnen Programmen vorgenommen wurden.

3.2.1 Fehlerbeseitigung

Viele Programmfehler lassen sich erst durch zahlreiche Simulationen von Schaltungen aus der Praxis finden. Zur Fehlerlokalisierung im Timing-Modus wurden bei allen Programmen die gleichen Testschaltungen verwendet, die sich zum Teil als kritisch für die Timing-Simulation herausgestellt haben. Sie enthalten sowohl Buffer-Strukturen, Pass-Transistoren mit Takteinkoppelungen und Bootstrap-Stufen als auch pegelempfindliche Koppelungen. Die Simulationsergebnisse geben Hinweise auf Programmfehler bzw., wenn die Ergebnisse zu ungenau sind, auf Programmschwächen, die behoben werden müssen.

3.2.2 Konsistenz der Transistormodelle

Innerhalb Siemens wird von den Schaltungsentwicklern u.a. das im Hause entwickelte statische PSEUMOS-Modell für MOS-Transistoren verwendet. Die Parameter für dieses Modell werden zentral aus den Parametern der Prozeß-Linien ermittelt. Für Rechnungen im Timing-Modus wird eine PSEUMOS-Version verwendet, die mit Modelltabellen arbeitet. Diese Festlegung auf ein einheitliches Modell bei allen Simulationsprogrammen ist eine Voraussetzung für die Vergleichbarkeit von Simulationsergebnissen, die mit verschiedenen Programmen ermittelt werden. Das PSEUMOS-Modell wurde in DIANA und SPLICE eingebaut. Für Simualtionen mit MOTIS-C können mit dem Curve-Fitting-Programm MOTAB, das als Eingabe PSEUMOS-Parameter verlangt, geeignete MOTIS-C-Modelltabellen aufgebaut werden, so daß die von MOTIS-C berechneten Transistorkennlinien mit den PSEUMOS-Kennlinien weitgehend übereinstimmen.

3.2.3 Erweiterungen bei Makromodellen

Um die Benutzerakzeptanz neuer Programme zu fördern und die Programmlaufzeiten zu verbessern, ist es nützlich, häufig benötigte Makromodelle in die Programme einzubauen, z.B. CMOS-Modelle (DIANA, SPLICE), AND-OR-Inverter, OR-AND-Inverter (SPLICE). Bei DIANA wurden auch vorhandene Makromodelle verbessert bzw. durch genauere Eigenentwicklungen ersetzt.

3.2.4 Für einen Einsatz notwendige Programmerweiterungen

Häufig müssen Programmerweiterungen vorgenommen werden, ohne die
eine Freigabe für den praktischen Einsatz nicht sinnvoll wäre, z.B.
Einbau der Möglichkeit, Anfangsspannungen bei Simulationsbeginn
den einzelnen Knoten zuzuweisen (SPLICE) oder Einbau einer Ausgabe-
möglichkeit der Knotenkapazitäten (MOTIS-C 2.0, SPLICE). Da diese
Kapazitäten sich aus eingegebenen (Leitungs-)Kapazitäten und von
den einzelnen Programmen unterschiedlich generierten Transistor-
kapazitäten zusammensetzen, ist dies für einen Vergleich der Ergebnisse verschiedener Programme notwendig.

3.2.5 Ausgabe von Benutzerinformationen und Fehlerwarnungen

Als sehr nützlich hat sich die Ausgabe von folgenden Informationen
erwiesen:

- Ausgabe der expandierten Schaltung an der Preprozessorschnitt-
  stelle (z.B. BLT) zum Simulator in unmittelbar lesbarer Form
  (SPLICE, MOTIS-C 2.0)
- Ausgabe der Elementhierarchie (Nesting)(SPLICE; MOTIS-C 2.0)
- Ausgabe von Glitch-Warnungen bei der Logic-Simulation (SPLICE)
- Ausgabe der größten/kleinsten Schrittweite und Anzahl der wie-
  derholten Schritte zur Beurteilung numerischer Schwierigkeiten
  (MOTIS-C, SPLICE)
- Ausgabe von Warnungen, wenn die Betriebsspannungen nicht mit
  den definierten Pegeln zur logisch/elektrischen oder elektrisch/
  logischen Signalkonvertierung konsistent sind (SPLICE).

3.2.6 Genauigkeits- und Laufzeitverbesserungen

Hierunter fallen alle Maßnahmen zur Erhöhung der Programmeffizienz,
z.B.
- Einbau oder Änderung der Schrittweitensteuerung (DIANA, MOTIS-C,
  SPLICE)
- Einbau einer lokalen Iteration in Timing-Makros (DIANA)
- Änderung der Defaultwerte für Schrittweitensteuerung, Scheduler-
  steuerung (SPLICE)
- Vermeiden von häufiger Integer/Real-Konversion (SPLICE)
- Ersetzen des formatierten Zugriffs auf Zwischendateien durch
  unformatierten (SPLICE)
- Code-Optimierung (MOTIS-C, SPLICE).

3.2.7 Einbettung in eine Ablaufumgebung

Dies umfaßt alle Maßnahmen zur Unterstützung des Ablaufs (Ablauf-
prozedur, Wartungsprozedur mit speziellen Debug-Möglichkeiten),
zur Ergebnisausgabe (Anschluß an einheitlichen Postprozessor) und
für eine einheitliche Schaltungseingabe (Vgl. Kap. 4).

Die beschriebenen Programmänderungen und -erweiterungen sowie eine
weitgehende Fehlerbeseitigung sind notwendig, da ein Schaltungsentwickler nur ein stabiles, im Umgang komfortables Programm als unter-
stützendes Werkzeug beim Schaltungsentwurf akzeptiert. Um einen
solchen Programmzustand gewährleisten zu können, müssen durchschnitt-
lich 1 - 2 Mannjahre Arbeit vor einer Programmfreigabe aufgewendet
werden. Nicht vergessen werden darf, daß für eine Programmpflege
und -erweiterung eine umfassende Programmdokumentation unbedingt
notwendig ist. Leider weisen die meisten Programme bei ihrer Übernahme in diesem Punkt beträchtliche Mängel auf.

Insbesondere zur Einführung neuer Simulationsverfahren sind schließlich erhebliche Aufwände für Pilotanwendungen und eine intensive
Betreuung der Anwender zu leisten. In dieser Phase bestehen nur
bei besonders enger Zusammenarbeit zwischen Schaltungsentwickler
und Programmbetreuer gute Aussichten auf die erfolgreiche Einführung der neuen Programme.

3.3 Ergebnisse

Zur Erprobung der Simulatoren wurden verschiedene NMOS-Schaltungen
mit Kanallängen zwischen 2 um und 3,5 um mit allen Programmen im
jeweils sinnvollen Modus analysiert. Dabei wurden die programminter-
nen Parameter so eingestellt, daß die Simulationsgenauigkeit dem
jeweiligen Modus angemessen war.

In Tabelle 4 sind einige Rechenzeiten als Ergebnis dieser Vergleichs-
läufe aufgeführt. Die sehr unterschiedlichen Laufzeiten der Pre-
und Postprozessoren zur Schaltungsaufbereitung bzw. Ergebnisausgabe
sind in Tabelle 4 nicht berücksichtigt, so daß die Rechenzeiten
sich auf die reine Transient-Analyse beziehen.

Ein ausführlicher Leistungsvergleich der verschiedenen Simulatoren
und eine Diskussion der Ergebnisse erscheinen in /5/.

Schaltung	Zahl der Transistoren	Programm	Modus	Rechenzeit (cpu-sec, Siemens 7760)
2-Bit-Addierer	39	HALYSE	Circuit	40
		MOTIS-C 2.0	Timing	16
		DIANA-S	Timing	2
		SPLICE-S	Timing	21
		SPLICE-S	Logic	0,5
8-Bit-Zähler	112	SPICE-S	Circuit	850
		MOTIS-C 2.0	Timing	39
		DIANA-S	Timing	33
		SPLICE-S	Timing	198
		SPLICE-S	Mixed-Timing-Logic	76

Tabelle 4: Programmlaufzeiten bei der Analyse von NMOS-Schaltungen

4 Einheitliche Schaltungseingabe

Um die Schaltungseingabe zu vereinheitlichen und automatisch generieren zu können, wurde die Schnittstelle LASSI (Layout and Sche-
matic Simulation Input) definiert. Die in LASSI abgelegten Daten
kommen über die Datenhaltung entweder von dem symbolischen Layout-
Programm CABBAGE-L, von dem Programm GRANET, das eine Schaltbild-
Eingabe verarbeitet, oder von dem Layout-Extraktor AUTOHEX. Infolg-
edessen enthält LASSI sowohl konzentrierte Elemente (mit den zugehörigen elektrischen Parametern) wie Transistoren, Dioden, Kapazitäten, Widerstände, Strom- und Spannungsquellen als auch Elemente mit Geometrieparametern. Dazu gehören Transistoren mit ihren
Layout-Koordinaten, Signalpfade, Intersections und parallele Verbindungen, die als Koppelkapazitäten modelliert werden, sowie Kontaktlöcher, deren resistiver und kapazitiver Anteil bei der Simulation berücksichtigt werden kann. Als Signalpfade werden alle Verbindungen aufgefaßt. Der Schaltungsentwickler kann entscheiden,
ob sie kapazitiv (Default), resistiv oder, zur Berücksichtigung
von Laufzeiten, als RC-Glieder simuliert werden sollen. Die Elemente einer LASSI-Datei werden von dem Preprozessor AIGES (Auto-

matic Input Generation for Electrical Simulation) in die Eingabe-
sprache des gewünschten Zielsimulators übersetzt, wobei AIGES die
dazu benötigten Prozeßparameter (z.B. Oxiddicken) aus einer Tech-
nologiedatei entnimmt. Nach Zumischen der Modellparameter, der anzulegenden Eingangssignale und der Analyseanforderungen aus einer
vom Benutzer erstellten Rahmendatei steht eine vollständige Eingabe für den gewählten Zielsimulator zur Verfügung.

Zur Zeit kann die Eingabe für SPICE2, MOTIS-C, DIANA (nur für Cir-
cuit-Mode) und für den Switch-Level-Logic-Simulator MOSSIM /6/ generiert werden. Eine Eingabegenerierung für eine Mixed-Mode-Simulation ist noch nicht möglich. Dazu muß entweder AUTOHEX Informationen
bezüglich der Schaltungshierarchie übergeben, oder es müssen durch
einen AIGES nachgeschalteten Preprozessor aus der in einzelne Elemente aufgelösten Schaltung Standardstrukturen (z.B. NAND-,NOR-Gatter)
extrahiert werden, die dann durch Timing- oder Logic-Makromodelle
dargestellt werden. In Zukunft soll das letztgenannte Verfahren
angewandt werden.

5   Zusammenfassung

Die in der Literatur festzustellende starke Ausweitung der elektrischen Simulationsverfahren wird in der Industrie aufgegriffen,
weil sich damit eine entsprechende Erweiterung der Analysemöglich-
keiten für den Entwickler anbietet, die schließlich zu höherer Sicher-
heit beim Entwurfsprozeß führen wird. Durch die rasche Weiterentwicklung dieser Verfahren wird eine Vielzahl von neuen Programmen
bzw. Programmversionen verfügbar. Zur sicheren Beurteilung ihrer
praktischen Bedeutung sowie zur Einbindung, Weiterentwicklung und
Wartung erfolgversprechender Simulatoren ist von der Industrie ein
erheblicher Aufwand zu erbringen.

6   Literatur

1. Engl, W.L.; Dirks, H.: Functional Device Simulation By Merging
   Numerical Building Blocks.   In: Browne, B.T.; Miller, J.J.H.
   (eds.): Numerical Analysis of Semiconductor Devices and Integrated
   Circuits. Boole Press, Dublin 1981
2. Fan, S.P.; Hsueh, M.Y.; Newton, A.R.; Pederson, D.O.: MOTIS-C: A
   New Circuit Simulator for MOSLSI Circuits. IEEE Proc. Int. Symp.
   Circuits and Systems, 1977, Phoenix, Arizona, pp. 700-703

3. De Man, H.; Arnout, G.; Reynaert, P.: Mixed-Mode Circuit-Simulation Techniques and their Implementation in DIANA. Lecture
   Notes on Computer Design Aids for VLSI Circuits, Sogesta-Urbino
   (1980) NATO Advanced Study Institute

4. Newton, A.R.: Techniques for the Simulation of Large-Scale Integrated Circuits. IEEE Trans. Circuits and Systems, Vol. CAS-26,
   1979, pp. 741-749

5. Feldmann, U.; Horneber, E.-H.: Timing Simulation and Mixed-Mode
   Simulation of MOS Integrated Circuits. Part 2. Erscheint in:
   Siemens Forsch.-u. Entwickl.-Berichte

6. Bryant, R.E.: An Algorithm for MOS Logic Simulation. LAMBDA 4,
   1980, pp. 46-53

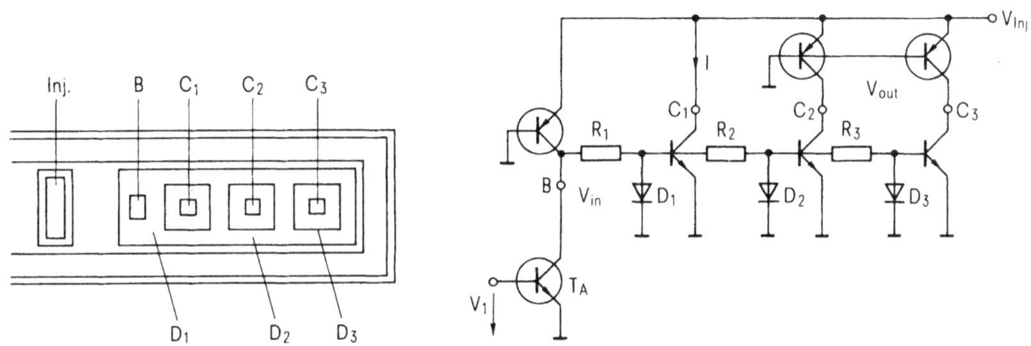

Bild 1. Layout und Netzwerkdarstellung eines I^2L-Gatters

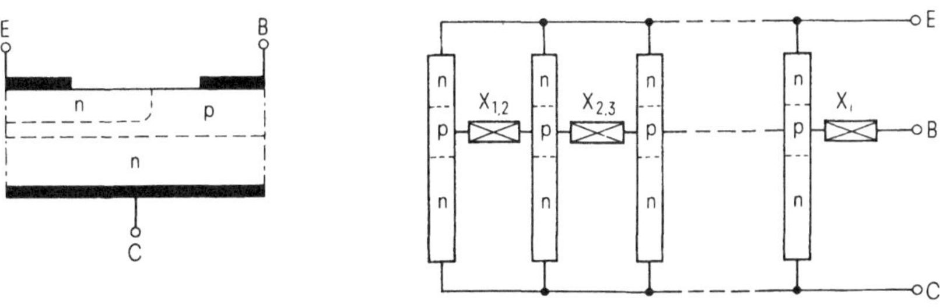

Bild 2. Quasi-2D-Simulation eines npn-Transistors

Entwurfsfreundliche Architekturkonzepte für Prozessorbausteine

Gerd Sandweg

0 Einleitung

Unter einem VLSI-Baustein soll im folgenden ein Baustein verstanden werden, der mehr als 100.000 Schaltelemente enthält. Eine solche Packungsdichte ist derzeit nur mit MOS-Technologien und fast ausschließlich mit digitalen Schaltungen möglich.

Die ersten VLSI-Bausteine waren naturgemäß Speicherbausteine, da hier im wesentlichen "nur" schaltungstechnische und technologische Probleme zu lösen waren. Bei Bausteinen mit einem beträchtlichen Logikanteil, wie z. B. Mikroprozessoren, kommt noch die Beherrschung der Entwurfskomplexität hinzu.

Die Komplexität eines Bausteins kann durch Modularität und Regularität reduziert werden. Dies darf jedoch nicht mit einer Flächenverschwendung erkauft werden, da die Ausbeute mit zunehmender Chipfläche stark sinkt. Ab einer Chipfläche von ungefähr 100 mm^2 ist die Produktion zur Zeit nicht wirtschaflich. Wenn eine Bausteinfunktion zu komplex ist, hilft nur eine geeignete Partitionierung auf mehrere kleinere Chips. Die Steigerung der Ausbeute durch Redundanz ist bei logischen Schaltungen noch Gegenstand der Forschung.

Ein entwurfsfreundliches Architekturkonzept muß die Wünsche der Entwickler im Hinblick auf Komfort, Entwurfssicherheit und kurze Entwurfszeit berücksichtigen und sollte daher möglichst CAD-geeignet und automatisierbar sein. Es muß aber auch genügend technologieorientiert sein, um flächengünstige und leistungsfähige Bausteine realisieren zu können.

1 Technologie-Einflüsse auf den Entwurfsstil

Typisch für den Entwurf von VLSI-Bausteinen ist die enge Kopplung zwischen logischer und geometrischer Strukturierung. Die Notwendigkeit hierfür ergibt sich aus zwei Eigenschaften der heutigen MOS-Technologie: wenig Verdrahtungsebenen und hochohmige Transistoren.

Bei den Standard-MOS-Prozeß-Linien stehen nur eine Metallebene und eine Polysiliziumebene zur Verdrahtung zur Verfügung, wobei zwischen beiden Ebenen ein Unterschied der Leitfähigkeit um den Faktor 1000 besteht. Durch die Einführung von Polysiliziden läßt sich die Leitfähigkeit der Polysiliziumebene um den Faktor 10 verbessern. Dieser Prozeß ist aber noch nicht in der Serienproduktion eingeführt. Dagegen ist eine zweite Metallebene bei CMOS-Gate-Arrays bereits Stand der Technik. Aber selbst bei zwei niederohmigen Verdrahtungsebenen bleibt die Verdrahtung problematisch. Durch die hochohmigen Transistoren gehen die zu treibenden Lastkapazitäten stark in die Schaltzeiten ein, und lange Leitungen verursachen oft größere Laufzeiten als die Gatter selbst. Bei komplexen Schaltungen ist der Transport von Daten i.a. flächenintensiver als ihre Verknüpfung oder Speicherung. Die Konsequenz daraus ist, daß der Entwickler die Bausteinfunktionen in logische Blöcke gliedern muß, die bei entsprechender Anordnung geometrisch zueinander passen, um so den Verdrahtungsaufwand zu minimieren. Dagegen bringt die isolierte Flächenoptimierung eines Funktionsblockes im Gesamtlayout oft nicht den erhofften Gewinn.

Die Packungsdichte bei NMOS-Bausteinen wird nicht nur durch die kleinstmöglichen Strukturabmessungen begrenzt, sondern auch durch die maximal abführbare Verlustleistung eines Chips. Die Reduzierung der Verlustleistung ist ein Motiv für die Einführung dynamischer Schaltungstechniken anstelle von statischen Techniken, obwohl dadurch die zeitliche Steuerung komplizierter und die Testbarkeit verschlechtert werden. Bei der CMOS-Technologie ist die Verlustleistung i.a. kein Problem.

Die VLSI-Technologie bietet hohe Verarbeitungsgeschwindigkeit und große Verarbeitungsdichte auf dem Chip an. Im Gegensatz dazu ist der Datentransfer von und zum Chip um eine Größenordung langsamer; und ebenso ist die Datenbreite durch die begrenzte Pinzahl i.a. sehr schmal. Damit ergeben sich für VLSI-Bausteine mit komplexen Funktionen fast zwangsläufig sequentielle Verarbeitungsstrukturen, die sich jedoch sehr günstig auf Prozessorstrukturen abbilden lassen.

2 Logische und geometrische Strukturierungsmethoden

Um die Komplexität und die Entwurfszeit eines VLSI-Bausteins zu reduzieren, ist ein zellenorientierter Entwurfsstil notwendig, wobei hier unter einer Zelle ein vorentworfener oder generierbarer Schaltungsteil mit einer abgegrenzten Funktion verstanden wird. Mit Zellen kann ein komplexerer Funktionsblock aufgebaut werden, der wiederum als Zelle betrachtet werden kann. Aufgabe des Entwicklers ist es, den vorgegebenen Funktionsumfang so zu strukturieren, daß er sich auf verfügbare Zellen abbilden läßt. Falls dies nicht möglich ist, muß er die Konstruktion neuer Zellentypen anstoßen. Um den Entwicklungs- und Verwaltungsaufwand für solche Zellen klein zu halten, müssen Architekturkonzepte gefunden werden, die mit wenigen universellen oder anpaßbaren Zellentypen auskommen. Solche Konzepte bauen auf Strukturierungsmethoden auf, die nachfolgend beschrieben werden.

2.1 Vervielfachung

Die Vervielfachung ist einfach und naheliegend. Man entwirft eine Zelle, die sich zu einer Reihe oder einer Matrix vervielfachen läßt. Reihungsfähige Zellen findet man z. B. in Registern, Shiftern, Addierern und arithmetisch-logischen Einheiten. Beispiele für Matrixstrukturen sind Speicher, PLA's, Gate-Matrizen, Parallelmultiplizierer, systolische Arrays.

Der Datenfluß in den Zellenreihen kann quer oder in Richtung der Reihen oder in beiden Richtungen zugleich erfolgen. Man kann dann von Parallel-, Serien- und Serien-Parallel-Verarbeitung sprechen. Die Parallel-Verarbeitung (z. B. bei logischen Verknüpfungen) ist schnell und unkritisch. Bei der Serien-Verarbeitung hängt die Verarbeitungsgeschwindigkeit von der Länge der Kette ab. Man kann die Verarbeitungsgeschwindigkeit steigern, indem man für die zeitkritischen Fälle Abkürzungen vorsieht (z. B. Carry-Look-Ahead-Schaltungen bei Addierern) oder die Kette im Fließbandprinzip (Pipelining) nutzt.

2.2 Programmierung

Unter dem Prinzip der Programmierung wird hier verstanden, daß eine vorhandene, problemunabhängige Hardware-Struktur durch Einprägung digitaler Informationen problemangepaßt wird (z. B. Laden eines Speichers, Durchbrennen von Brücken, Generierung von Zellenvarianten). Um Fläche zu sparen, wird man fordern, daß nur der tatsächlich benötigte Teil der Hardware-Struktur realisiert wird. Vor der Programmierung müssen also zunächst der Umfang und die äußeren Abmessungen der Hardwarestruktur festgelegt werden. Man spricht dann besser von der Generierung bestimmter Zellentypen. Eine solche Generierung ist derzeit für PLA-Strukturen vollautomatisch möglich. Für Programme zur Generierung anderer Zellentypen (z. B. Speicherblöcke, Funktionsscheiben in einem Datenpfad) sind Ansätze vorhanden.

2.3 Sequenzialisierung

Die Sequenzialisierung einer Funktion bedeutet ihre Zerlegung in einfachere Funktionsschritte, die nacheinander und wiederholt ausgeführt werden können. Die Sequenzialisierung reduziert die Verarbeitungsgeschwindigkeit, bringt aber bei komplexen Funktionen eine Entwurfsvereinfachung und eine Flächenersparnis.

2.4 Hierarchiebildung

Die Einführung verschiedener Hierarchieebenen und die Bildung entkoppelter Module führen i.a. weder zu einer Flächenersparnis noch zu einer Steigerung der Verarbeitungsgeschwindigkeit. Die Motivation für eine hierarchische Struktur liegt in der Vereinfachung des Entwurfsprozesses und in der Verkürzung von Simulations- und Testzeiten.

2.5 Prozessorstrukturen

Eine besondere Architekturklasse bilden Prozessoren. Sie eignen sich für die Abbildung komplexer Funktionen und sind dadurch die häufigste Realisierungsform von logikorientierten VLSI-Bausteinen. Typische Beispiele sind Mikroprozessoren, Peripheriegeräte-Controller, Signalprozessoren, Grafikprozessoren und Kommunikationsbausteine.

Die klassische Unterteilung eines Prozessors in Operationswerk, Steuerwerk, Speicher und Ein/Ausgabeeinheit bewährt sich auch beim Entwurf von VLSI-Prozessoren (Bild 1). Operationswerk, Steuerwerk und Speicher können als separate Blöcke mit unterschiedlichen Konzepten realisiert werden, für die in den nachfolgenden Kapiteln Beispiele gegeben werden.

3 Operationswerk

Im Operationswerk einer Schaltung werden Daten eingelesen, gespeichert, verknüpft und wieder ausgegeben. Bei Universal-Prozessoren läßt sich das Operationswerk meist auf einen Datenpfad mit einer einheitlichen Verarbeitungsbreite abbilden (Bild 2). Bei Spezialprozessoren können mehrere parallele Datenpfade notwendig sein.

3.1 Slice-Technik

Für den Entwurf eines Datenpfades ist die Slice-Technik am günstigsten. Sie ist charakterisiert durch das Aufeinanderlegen von Funktionsscheiben (Function - Slices), deren Verarbeitungsbreite durch Aneinanderreihen von Bit-Zellen (Bit-Slices) beliebig gewählt werden kann.

Der Datenaustausch zwischen den Funktionsscheiben wird durch ein integriertes Bussystem in den Zellen gewährleistet. In Längsrichtung der Funktionsscheiben, quer zum Hauptdatenfluß, laufen die Steuerleitungen. In der MOS-Technologie wird man zweckmäßigerweise die Stromversorgung der Zellen und die oft langen Busleitungen in der Metallebene führen. Die dazu senkrechten Steuerleitungen liegen dann in der Polysiliziumebene, wodurch die Gates der anzusteuernden Transistoren ohne Ebenenwechsel angeschlossen werden können. Bei hohen Geschwindigkeitsanforderungen (z.B. Zykluszeit < 100 ns) und großen Verarbeitungsbreiten (z. B. $n > 16$ bit) können jedoch Laufzeiten auf den Steuerleitungen die Einführung von Polysilizid oder einer zweiten Metallebene erforderlich machen.

Bei der Auslegung des Datenpfades müssen die Verarbeitungsbreite, das Bussystem und die einzelnen Funktionen ausgewählt werden.

Die Verarbeitungsbreite richtet sich nach dem breitesten Operanden, der in einem Zyklus bearbeitet werden soll. Kürzere Operanden sollten an den Schnittstellen des Datenpfades auf die einheitliche Verarbeitungsbreite normiert werden, z. B. durch Ergänzung mit Nullen oder dem Vorzeichen.

Bei der Wahl des Bussystems favorisieren wir ein 2-Bus-System, da damit die häufig vorkommenden 2-Operanden-Befehle sehr effizient in einem Zyklus ausgeführt werden können. Bezüglich der physikalischen Realisierung haben wir Erfahrungen mit Tristate-Bussen und

Precharge-Bussen. Bei der Precharge-Technik beabsichtigt man, durch Vorladen der Busse den langsamen Schaltübergang der Bustreiber von 0 nach 1 zu vermeiden und gleichzeitig Fläche und Verlustleistung zu sparen. Die Precharge-Technik bringt jedoch nur dann Geschwindigkeitsvorteile, wenn es gelingt, die Precharge-Phasen einfach aus den Befehlsausführungs-Phasen abzuleiten.

3.2 Funktionsscheiben

Als universell einsetzbare Funktionsscheiben haben sich bewährt: Dual-Port-Registerbank, arithmetisch-logische Einheit, 1-Bit-Shifter, Barrel-Shifter, Status-Einheit, Zähler.

Die Dual-Port-Registerbank erlaubt das gleichzeitige Lesen aus zwei beliebigen Registern. Beschrieben werden kann jeweils nur ein Register, was i. a. keine Einschränkung darstellt und den Konfliktfall vermeidet, daß auf ein Register zwei unterschiedliche Quellen wirken.

Die arithmetisch-logische Einheit führt die einfachen arithmetischen und logischen Operationen in einem Zyklus aus. Multiplikation und Division können in Verbindung mit einem Shifter in mehreren Zyklen durchgeführt werden. Die maximale Ausführungszeit wird durch die Übertragskette bei der Addition bestimmt. Carry-Look-Ahead-Schaltungen sind unregelmäßig und passen schlecht in das Slice-Konzept. Als Ersatz hat sich ein sogenannter Carry-Bypass über jeweils 4 Bit-Zellen bewährt.

Ein 1-Bit-Shifter fügt sich problemlos in das Slice-Konzept ein. Für Shifts um mehrere Stellen ist ein Kreuzschienenverteiler die günstigste Lösung. Dagegen bringt das Hintereinanderschalten von verschiedenen mehrstufigen Shiftern nur Verdrahtungsprobleme, längere Laufzeiten und keinen Flächengewinn.

Die Status-Einheit wertet Ergebnisse anderer Einheiten bezüglich der üblichen Statusinformationen aus, z. B. Null, Vorzeichen, Übertrag, arithmetischer Überlauf. Darüber hinaus kann sie erweitert werden, um die höchstwertige Eins festzustellen (Prioritätsfunktion). Das Ergebnis der Status-Einheit beansprucht nur wenige Bits. Die übrigen Bits des Datenpfades bleiben ungenutzt.

Zähler im Datenpfad können als Adreßregister oder als Timer eingesetzt werden. Ihr Funktionsumfang ist auf das Laden, Zählen in einer Richtung und Rücksetzen beschränkt. Der maximale Zählbereich ist durch die Wortbreite des Datenpfades bestimmt.

4 Steuerwerk

4.1 Funktionen

Aufgabe des Steuerwerks ist es, die anderen Einheiten des Prozessors und sich selbst zu steuern. Diese Aufgabe kann so komplex sein, daß man als Struktur für das Steuerwerk wiederum eine Prozessorstruktur wählt. Die folgenden Überlegungen beschränken sich jedoch auf einfache Steuerwerke, deren Funktionen direkt in Hardware realisiert werden. Diese Funktionen betreffen im wesentlichen das Bereitstellen eines Befehls und dessen Decodierung in einzelne Steuersignale für die übrigen Einheiten.

Das Bereitstellen eines Befehls ist i.a. eine einfache Funktion. Wenn die Befehlsfolge extern bestimmt wird, genügt ein Signal, daß das Steuerwerk bereit ist, einen neuen Befehl anzunehmen. Wird die Befehlsfolge intern bestimmt, muß ein Befehlsadreßregister inkrementiert (Befehlssequenz), neu geladen (absoluter Sprung) oder um einen Wert verändert werden (relativer Sprung). Die Veränderung des Adreßregisters kann von den Ergebnissen vorheriger Operationen abhängig gemacht werden (Auswertung von Statusbits). Mit der Befehlsadresse wird dann der nächste Befehl aus dem Programmspeicher geholt.

Die Befehlsdecodierung ist eine kritische Funktion, die den größten Teil des Entwurfsaufwands eines Steuerwerks beansprucht. Zunächst muß entschieden werden, in wieviel Stufen die Befehlsdecodierung zerlegt werden soll, ob Decodierungsfunktionen teilweise in die anderen Funktionseinheiten verlagert werden können und wie die zeitliche Steuerung des Befehlsabblaufes aussehen soll.

4.2 Befehlsphasen und Timing

Als typischer Befehl wird ein 2-Operanden-Befehl betrachtet, bei dem in einem Befehlszyklus zwei Operanden aus der Registerbank gelesen und in der arithmetisch-logischen Einheit verknüpft werden und das Ergebnis in die Registerbank zurückgeschrieben wird. Ein solcher Befehlszyklus kann bei der heutigen MOS-Technologie etwa 100 ns dauern. Einen kleineren Funktionsumfang als Befehl zu betrachten (etwa die Phasen Lesen, Verknüpfen, Zurückschreiben) ist nicht sinnvoll, da das Bereitstellen eines Befehls kaum unter 100 ns möglich ist.

Das Befehlsholen und Decodieren sollte nicht länger als die Befehlsausführung dauern. Dies bedeutet, daß die Befehle schnell genug von außen geliefert werden müssen oder besser von einem internen Programmspeicher kommen. Letzteres ist jedoch aus Platzgründen derzeit nur für einfache Steuerungs- und Verarbeitungsprozessoren möglich, die sich aber durchaus als mikroprogrammierte oder mikroprogrammierbare Prozessorkerne in leistungsfähigen Rechnersystemen eignen.

Die Befehlshol- und Aufbereitungsphase kann vollständig mit der Befehlsausführungsphase überlappt werden (einfaches Pipelining). Bedingte Programmsprünge werten den Status des unmittelbar vorausgegangenen Befehls aus. Ein mehrstufiges Pipelining führt zu einem höheren Steuerungsaufwand und bringt zeitliche Probleme, da die einzelnen Phasen zu kurz werden.

Die Befehlsphasen lassen sich gut auf einen 4-Phasen-Takt oder einen 2-Phasen-Takt abbilden (Bild 3).

Bei einem 4-Phasen-Takt besteht der Befehlszyklus aus den 4 funktionell und zeitlich getrennten Phasen:

Phase 1: Befehl decodieren
Phase 2: Operanden lesen
Phase 3: Operanden verknüpfen
Phase 4: Ergebnis zurückschreiben

Während der Phasen 1 und 3 können die Datenbusse vorgeladen werden (Precharge-Technik). Während der Phase 2 wird die Adresse des nächsten Befehls bestimmt und während der Phasen 3 und 4 dieser Befehl geholt.

Bei einem 2-Phasen-Takt empfiehlt es sich, die Befehlsausführung in eine Lese- und eine Schreibphase zu unterteilen, und die Verknüpfungsphase ohne genaue Abgrenzung über die beiden anderen Phasen zu legen. Entsprechend wird die Befehlsbereitstellung in die Phasen Adreßberechnung und Befehlsdecodierung unterteilt, und das Befehlsholen erfolgt asynchron in der Mitte des Befehlszyklusses.

Ein 2-Phasen-Schema kommt bei gleicher Verarbeitungsgeschwindigkeit mit einer niedrigeren Taktfrequenz aus und ist unkritischer im genauen Timing der Operationen. Das 2-Phasen-Schema erlaubt allerdings keine Precharge-Technik.

4.3 Befehlsdecodierung

Die Befehlsdecodierung sollte in 2 Stufen durchgeführt werden: In der 1. Stufe werden alle benötigten Steuersignale ausgewählt, aber noch nicht aktiviert. In der 2. Stufe werden die Steuersignale mit den Taktphasen verknüpft und aktiviert. Die erste Stufe ist sozusagen eine statische Decodierung, während die zweite Stufe das genaue Timing sicherstellt (Bild 4).

Die 1. Decodierungsstufe kann man günstig durch PLA's realisieren, deren ODER-Ebenen oft sehr schwach besetzt sind und sich dadurch auf einen schmalen Streifen komprimieren lassen. Falls man sich für einen 2-Phasen-Takt entschieden hat, sollten die Ausgänge der 1. Decodierungsstufe in einem Register gespeichert werden. Diese Schnittstelle ist i.a. sehr breit und erscheint dadurch sehr aufwendig für den Einbau eines Pipeline-Registers. Andererseits kann dieses Register leicht als Schieberegister ausgebildet und ideal für Testzwecke eingesetzt werden (Scan-Path).

Die 2. Decodierungsstufe läßt sich ebenfalls durch regelmäßige Strukturen realisieren. Im wesentlichen handelt es sich um die UND-Verknüpfung der vorläufigen Steuersignale mit den Taktsignalen.

Der Vorteil der genannten Realisierungsform liegt in ihrer Regularität, ihrer Anpaßbarkeit und darin, daß die Steuersignale dort generiert werden, wo sie benötigt werden. Der sonst große Verdrahtungsaufwand zwischen Steuerwerk und Operationswerk wird dadurch weitgehend vermieden.

5 Speicher

Auch bei logikorientierten VLSI-Bausteinen spielen Speicher auf dem Chip eine wichtige Rolle. Wenn Programm- und Datenspeicher mit auf dem Prozessorchip integriert sind, können kurze Zugriffszeiten und damit hohe Verarbeitungsgeschwindigkeiten erreicht werden. Da die Fläche jedoch nur für relativ kleine Speicher ausreicht, muß man sehr genau abwägen, wie man die Speicher aufteilt und welche Speichertypen man dabei verwendet.

5.1 Speicher mit wahlfreiem Zugriff

Für den (Mikro-)Programmspeicher bietet sich ein ROM wegen der hohen Speicherdichte (z. B. 5 kbit/mm^2) und der kurzen Zugriffszeit (z. B. 50 ns bei 20 kbit) an. Bei Bausteinen, deren Programm änderbar sein soll, kann ein statisches RAM verwendet werden, das allerdings ungefähr die vierfache Fläche eines ROM's benötigt. Der Einsatz eines dynamischen RAM's ist wegen der Refresh-Funktion und der zusätzlich benötigten technologischen Prozeßschritte problematisch.

Kleine Datenspeicher mit sehr schnellem Zugriff sind Registerbänke, die bereits unter 3.2 erwähnt wurden. Ein interner Datenspeicher, der über die Größe einer Registerbank hinausgeht (z. B. Anzahl der Worte $>$ 256), bringt i.a. eine geringere Leistungsverbesserung als ein entsprechend großer interner Programmspeicher. Ein Kompromiß stellt ein Pufferspeicher (Cache) dar (s. 5.3).

5.2 Speicher mit sequentiellem Zugriff

Für einige Funktionen (z.B. Unterprogrammsprünge, Berechnung von Ausdrücken, Warteschlangen) sind Speicher mit sequentiellem Zugriff vorteilhaft. Solche Speicherarten sind z.B. Stapelspeicher (Stack, LIFO) und Ringpuffer (Queue, FIFO). Sie könnten durch große Schieberegister realisiert werden, was aber ungünstig ist, da bei jedem Zugriff alle Daten verschoben werden und dies zuviel Verlustleistung kostet. Besser ist es, den eigentlichen Speicher wie ein RAM oder Dual-Port-RAM auszubilden und statt des Wortdecoders zwei Schieberegister zu verwenden, in denen jeweils nur eine Eins als Schreib- bzw. Lesezeiger verschoben wird.

5.3 Cache

Da man häufig den benötigten Speicher nicht auf der Chipfläche unterbringen kann, bietet sich als Ausweg ein Pufferspeicher (Cache) an, der kurze Zugriffszeiten und ein großes (virtuelles) Speichervolumen vereinigt. Dies ist möglich, wenn die Daten oder Programme eine große Lokalität aufweisen, wenn also kurzfristig mehrfach auf einen eng begrenzten Speicherbereich zugegriffen wird. Diese aktuellen Bereiche verändern sich nur langsam und können in einem Pufferspeicher gehalten und laufend angepaßt werden.

Die Problematik dieses Verfahrens liegt in der Abbildung (Mapping) des großen Speichers auf den kleinen Pufferspeicher. Die drei bekanntesten Abbildungen sind:
- direktes Mapping
- teilassoziatives Mapping
- vollassoziatives Mapping.

Überraschenderweise ist die beste und bisher teuerste Abbildungssfunktion, das vollassoziative Mapping, besonders VLSI-gerecht. Die Realisierung durch einen Assoziativspeicher weist eine hohe Regularität auf. Darüber hinaus ist der Flächenbedarf bei vorgegebener Trefferrate geringer als bei den anderen Abbildungsfunktionen.

6 Zusammenfassung

Es wurden VLSI-typische Architekturkonzepte für Prozessorbausteine vorgestellt, die die Aussicht bieten, einen Chip weitgehend automatisch und effizient konstruieren zu können. Voraussetzung hierfür ist die Verwendung regelmäßig strukturierter, MOS-gerechter Blöcke. Solche Blöcke wurden vorgestellt und ihr Einsatzbereich diskutiert. Für das Operationswerk eines Prozessors wurde ein Datenpfad in Slice-Technik mit einem integrierten 2-Bus-System favorisiert. Für das Steuerwerk bieten sich PLA-Strukturen an. Für On-Chip-Speicher sind außer RAM und ROM auch sequentielle und assoziative Speicher interessant.

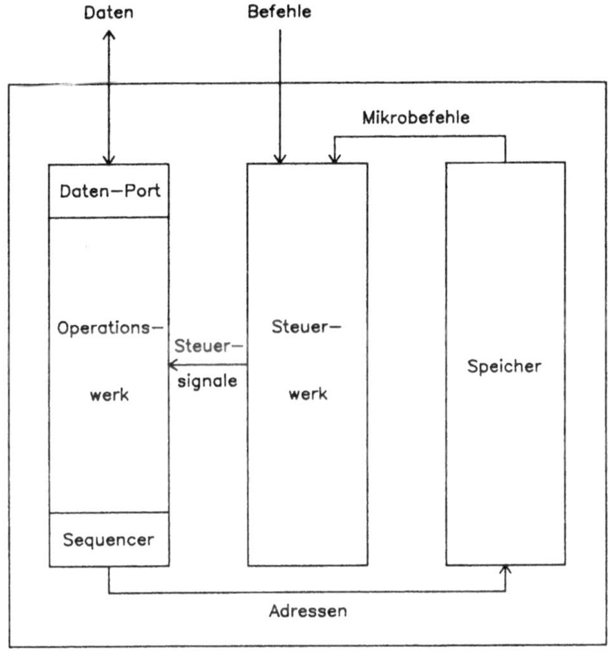

Bild 1. Struktur eines
einfachen Prozessors

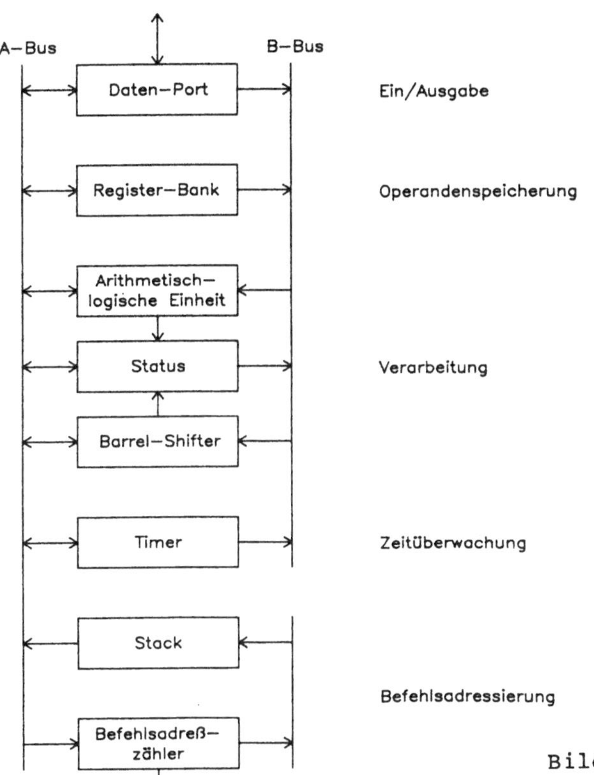

Bild 2. Beispiel eines Datenpfades

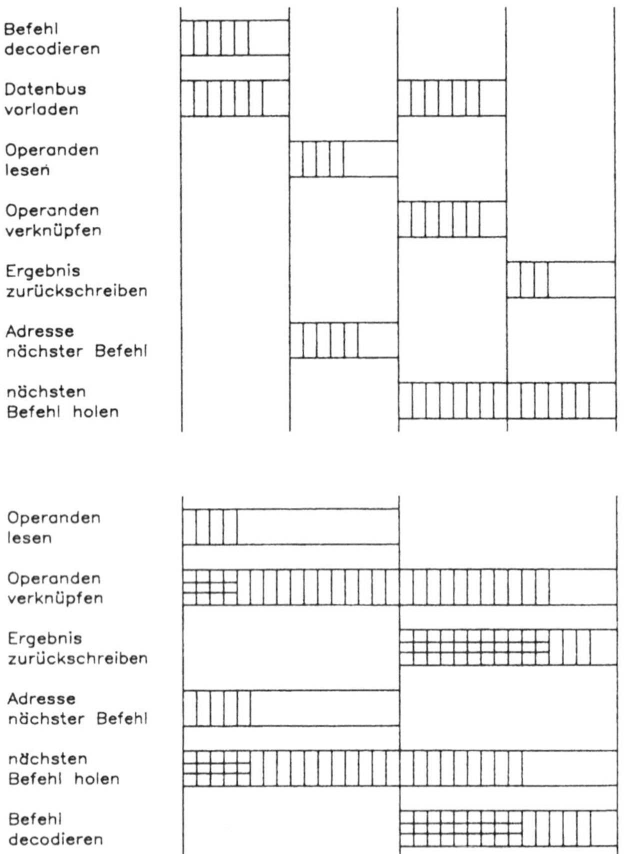

Bild 3. Abbildung von Befehls-Phasen auf einen 4-Phasen-Takt und einen 2-Phasen-Takt

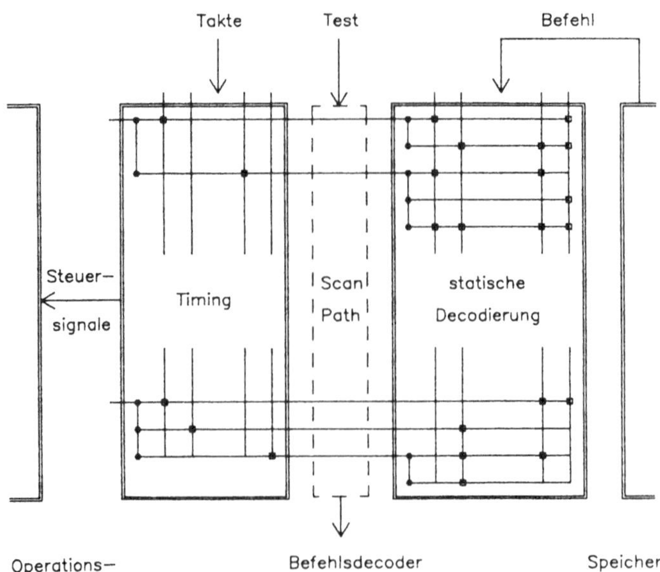

Bild 4. Befehlsdecodierung

Bausteinentwurf auf der Basis von Zellen

Paul Birzele

0 Einleitung

Die drei wichtigsten Verfahren für den Bausteinentwurf sind der
personelle Handentwurf, der Entwurf auf der Basis von Gate-Arrays
und der Entwurf auf der Basis von Zellen. Zellen sind vorgefertigte
Schaltungsteile, die ausgetestet in einer Zellenbibliothek vorliegen. Der Entwurf mit Zellen wird durch ein geeignetes CAD-System
unterstützt.

Zur Entwicklung eines VLSI-geeigneten Entwurfsverfahrens mit Zellen wurde ein stufenweises Vorgehen gewählt, um einerseits möglichst
früh ein Werkzeug zur Hand zu haben und andererseits die mit der
ersten Ausbaustufe gewonnenen Erfahrungen in die endgültige Version einfließen zu lassen. Die endgültige Version soll dabei durch
Weiterentwicklung und Erweiterung der ersten Version entstehen.

Die erste Version des Entwurfssystems soll Bausteine mit bis zu
4000 Gatterfunktionen realisieren können, wobei großes Gewicht auf
Entwurfssicherheit und einen weitgehend automatischen Entwurf gelegt wird. Grundlage für dieses Entwurfsverfahren sind ein durch-
gängiges CAD-System und eine Zellenbibliothek mit Standardzellen
in CMOS-Technologie.

In den weiteren Entwicklungsstufen des Entwurfssystems wird das
Standardzellenkonzept im Hinblick auf flächengünstigere Ergebnisse
und Testbarkeit verbessert. Dann wird auch die zelleninterne Fläche teilweise zur Verdrahtung herangezogen werden können. Das Auf-
stellen von Entwurfsregeln und die Integration eines Prüfbuskon-
zeptes werden die Testbarkeit der Schaltungen verbessern.

Danach ist eine schrittweise Erweiterung der Zellenbibliothek mit
neuen Zelltypen geplant, die dem Schaltungsentwickler wesentlich
mehr Möglichkeiten bezüglich der Komplexität und der optimalen Floor-
plangestaltung des Bausteins einräumen. Es handelt sich dabei um
Slice-Zellen, die einen vorteilhaften Entwurf von Datenpfaden er-

möglichen, sowie um Speicher und PLA's. Mit der Integration dieser Zellen in das Zellenkonzept und in das CAD-System wird die Hierarchie als wesentliches Element des Zellenkonzeptes eingeführt. Damit steht dann ein mächtiges Entwurfswerkzeug zur Verfügung, mit dem VLSI-Bausteine wirtschaftlich realisiert werden können.

1 Zellenorientierter Entwurf im Vergleich zu anderen Verfahren

Integrierte Schaltungen wurden in der Vergangenheit im wesentlichen fast vollständig personell oder als Gate-Arrays entworfen. Die Entwicklungszeiten von Schaltungen, die als Gate-Arrays realisiert werden, sind zwar aufgrund der vorgegebenen Grundschaltungen und der wenigen noch fehlenden Prozeßschritte verhältnismäßig kurz, dafür sind jedoch die Produktionskosten wegen der schlechten Flächenausnutzung hoch. Gate-Arrays sind deshalb nur bei Stückzahlen bis 10 000/Jahr und für Bausteine mittlerer Komplexität wirtschaftlich.

Ein rein personeller Entwurf benötigt dagegen lange Entwicklungszeiten und damit auch hohe Entwicklungskosten, ermöglicht aber eine kostengünstige Herstellung der einzelnen Chips. Der hohe Entwicklungsaufwand ist damit nur bei entsprechend hohen Stückzahlen (ab ca. 100 000/Jahr) wirtschaftlich sinnvoll.

In Zukunft immer wichtiger wird bei VLSI-Bausteinen eine Minimierung der Entwurfszeit und der Anzahl der Redesigns. Diese Forderung erfüllt ein drittes Entwurfsverfahren auf der Basis von Zellen, das in der Lage ist, die Lücke zwischen Gate-Arrays und personellem Entwurf zu schließen.

2 Zellenorientierter Entwurfsprozeß

Das Entwurfsverfahren mit Zellen baut auf einer Zellenbibliothek und einem durchgehenden CAD-System auf. Die Zellenbibliothek enthält die Zellen, die dem Systementwickler zur Realisierung des Bausteins zur Verfügung stehen. Mit den vorhandenen Zellen sollen möglichst alle logischen Funktionen eines Bausteins realisierbar sein. Nur in Ausnahmefällen dürfen anwenderspezifische Zellen nachentworfen werden. Das CAD-System besteht aus einer Datenhaltung und den daran angeschlossenen CAD-Programmen. Hauptgründe für die Verkürzung der Entwicklungszeiten mit diesem Entwurfsverfahren sind die Durchgängigkeit des CAD-Systems und eine weitgehende Automatisierung des Entwurfsprozesses. Die Durchgängigkeit des CAD-Systems vermeidet fehlerträchtige und aufwendige Mehrfachbeschreibungen der Bausteine. Damit ergibt sich eine Verringerung der Anzahl nötiger Redesigns im Vergleich zum personellen Bausteinentwurf. Der Nachteil nicht flächenoptimaler Layouts bei Bausteinen, die mit Zellen entworfen werden, fiel bisher nur bei großen Chips ins Gewicht und wird durch spezielle Zellen wie z. B. Slice-Zellen oder PLA's immer mehr an Bedeutung verlieren.

Bild 1 zeigt die Entwicklungsschritte beim zellenorientierten Entwurfsprozeß. Diese Schritte können beliebig oft wiederholt werden. Die CAD-Werkzeuge für dieses Entwurfssystem sind in einem eigenen Beitrag in diesem Buch beschrieben /1/.

2.1 Systemmanagement

Das Systemmanagement regelt die Zugriffsberechtigung der Benutzer zum Entwurfssystem und zu den einzelnen Projekten (Bausteinen). Ebenso kann bei mehreren vorhandenen Zellenbibliotheken die Benutzung auf ausgewählte Entwickler beschränkt werden. Jeder zu entwickelnde Baustein erhält einen Projektnamen und eine Versionsnummer. Diese Kennzeichnung gilt für alle während der Entwicklung erzeugten Dateien. Alle erzeugten Dateien werden mit ihrem jeweiligen Status in einem Dateiverzeichnis geführt.

2.2 Schaltungsentwurf

Der Schaltungsentwurf liefert die Schaltungsbeschreibung der ersten Bausteinversion. Die Schaltungsbeschreibung kann entweder auf dem Wege der alphanumerischen oder der graphischen Eingabe erstellt und geändert werden. Bei der Eingabe werden Namensdeklarationen für die vorkommenden Zellen und Netzwerkknoten getroffen. Die graphische Eingabe ermöglicht die interaktive Auswahl von Zellen über ein Menü und das Löschen von Zellen, Leitungen und Netzen .

Nach jeder abgeschlossenen Eingabe oder Änderung eines Schaltplanes können Plausibilitätskontrollen durchgeführt werden, die z. B. die Schaltung auf offene Eingänge bzw. Ausgänge überprüfen.

Zur Darstellung des Schaltplans stehen eine alphanumerische Ausgabe auf Display oder Drucker und eine graphische Ausgabe auf dem Plotter zur Verfügung. Die alphanumerische Schaltungsbeschreibung enthält Netzlisten, Zellenlisten und Übersichten über die Anzahl der Zellen, Zellentypen und die Zellenfläche.

2.3 Simulation

Aus der Schaltungsbeschreibung wird automatisch die Modellaufbereitung für die Logiksimulation durchgeführt. Dabei können Standardlaufzeiten oder später bei der Schaltungsanalyse ermittelte reale Laufzeiten zugrundegelegt werden. Nach der Erstellung der Stimulidatei kann dann entweder eine Zyklensimulation oder eine Laufzeitsimulation der Schaltung gemacht werden. Die Ergebnisauswertung erfolgt in der Regel durch personellen Vergleich der Simulationsergebnisse mit der Funktionsspezifikation.

2.4 Prüfbarkeitsanalyse

Die Prüfbarkeitsanalyse kann mit zwei verschiedenen Methoden erfolgen. Einmal als direkte Strukturuntersuchung der Schaltung auf Steuerbarkeit und Beobachtbarkeit und damit auf kritische Schaltungsteile. Die Alternative dazu ist eine indirekte Analyse über eine Prüfbitmustergenerierung. Die Zahl der für einen vorgegebenen Fehlererkennungsgrad notwendigen Bitmuster ist ein indirektes Maß für die Prüfbarkeit der Schaltung.

2.5 Chipkonstruktion

Die Chipkonstruktion wird stark beeinflußt durch die verwendete Zellenbibliothek. In der ersten Version des Entwurfssystems ist das eine CMOS-Standardzellenbibliothek, deren Zellenkonzept im Anschluß an das Entwurfsverfahren erläutert wird. Diese Bibliothek enthält abgesehen von den Padzellen nur Zellen vom Typ Standardzelle (Bild 2). Dieser Zellentyp und das darauf abgestimmte Entflechtungsprogamm bestimmen die Topologie eines generierten Zellenblocks (Bild 3).

Die Layouthierarchie in dieser Version ergibt sich durch Anordnung und Verbindung mehrerer aus Standardzellen erzeugter Zellenblöcke auf einem Chip. In späteren Ausbaustufen können Zellenblöcke aus verschiedenen Zelltypen miteinander verbunden werden. Die so entstandene Schaltung wird dann noch mit den vier Randstreifen des

Chips verbunden. Die Randstreifen enthalten die Pads, Padtreiber und Stromversorgungskämme.

Die Plazierung der Zellen erfolgt überwiegend automatisch. Zur Verbesserung des Entflechtungsergebnisses kann wahlweise die Plazierung von Zellen oder Schaltungsteilen vorgegeben werden. Dies geschieht durch relative Plazierungsvorgaben bzgl. Zellenreihen oder Platznummern.

In einem Entflechtungslauf werden die nicht vorplazierten Zellen automatisch plaziert und die Wegesuche entsprechend den eingegebenen Netzlisten vorgenommen. Bild 3 zeigt das über einen Plotter ausgegebene Ergebnis einer Entflechtung für einen Chip mit ca. 350 Standardzellen. Außerdem können Übersichtswerte ausgegeben werden für die Zellenfläche, Verdrahtungsfläche, die Anzahl der Verbindungen und die längste Verbindung.

Das Entflechtungsprogramm erlaubt auch eine personelle Nacharbeit zur Verbesserung des Entflechtungsergebnisses. Die Nacharbeit erfolgt interaktiv und symbolisch am Bildschirm. Sie wird on-line bezüglich Design-Regel-Verletzungen (DRC) und unzulässigen Verbindungen (Connectivity-Check) überprüft. Die interaktive Nacharbeit wird dadurch sicherer, effizient und komfortabel.

2.6 Endkontrolle

Ein Logik-Layout-Vergleich ist nur nötig, wenn der Entwickler das Entflechtungsergebnis außerhalb des Entwurfssystems weiterverarbeitet hat (z. B. auf einem graphischen Arbeitsplatz, um Schaltungsteile aus anderen Entwicklungen zu verwenden). Der Vergleich kann sich jedoch auf die Auswahl der Zellen und deren Verbindungen (Connectivity-Check) beschränken.

Die Schaltungsanalyse (Electrical-Rule-Check) wird zunächst auf die Analyse der Verbindungsleitungen beschränkt. Aus den Leitungslängen können Signallaufzeiten und Lastkapazitäten berechnet werden. Diese Werte stehen dann für eine genauere Simulation zur Verfügung.

2.7 Fertigungsunterlagen

Die Daten der Zellenlayouts aus der Zellenbibliothek werden mit
den Daten der Entflechtung zum endgültigen Layout zusammengespielt
und für die Erzeugung des Maskensatzes auf Magnetband gespeichert.

Die Generierung der für den vorgegebenen Fehlererkennungsgrad nötigen
Prüfbitmuster erfolgt automatisch. Aus den Prüfbitmustern wird ein
Prüfprogramm für einen Testautomaten erstellt, das einen automati-
schen Funktionstest des Bausteins ermöglicht.

3 CMOS-Standardzellen-Bibliothek

Als Technologie für ein zellenorientiertes Entwurfssystem bietet
sich die CMOS-Technologie an. Sie erlaubt im Vergleich zu bipolaren
Technologien eine höhere Packungsdichte und bringt im Vergleich
zur NMOS-Technologie weniger Dimensionierungs- und Verlustleistungs-
probleme. Die Schaltzeiten, die mit modernen CMOS-Technologien er-
reichbar sind, liegen im Bereich weniger Nanosekunden (vergleichbar mit Low-Power-Schottky-TTL).

Um die automatische Plazierung und Verdrahtung der Zellen zu erleichtern, sind sie überwiegend als Standardzellen (Bild 2) konstruiert. Standardzellen haben eine einheitliche Höhe und lassen
sich leicht aneinanderreihen. Zwischen den Zellenreihen entstehen
Verdrahtungskanäle für die Verbindung der Zellenanschlüsse (Bild 3).

3.1 Standardzellen-Geometrie

Die Standardzellen haben eine einheitliche Höhe von 226 µm. Alle
Signalanschlüsse (auch Takte) sind in Polysilizium auf einer Seite
herausgeführt (Anschlußraster 12 µm). Im Hinblick auf zukünftige
verbesserte Verdrahtungsalgorithmen sind die Zellenlayouts so vor-
bereitet, daß ein zweiseitiges, symmetrisches Anschlußkonzept ohne
großen Aufwand realisiert werden kann. VDD und VSS laufen in Aluminium durch die Zellen und sind beim Reihen der Zellen automatisch
verdrahtet.

Die Zellen werden in Doppelreihen (Rücken an Rücken) angeordnet. Das
Raster der Verdrahtung in den Gassen zwischen den Reihen ist ebenfalls 12 µm. Es können auf jedem Rasterpunkt Kontaktlöcher liegen.

Aus den Randstreifenzellen werden vom Anwender die vier Randstreifen zusammengestellt. Die Padabmessungen sind 120 μm * 120 μm. Die
Randstreifen enthalten die Stromversorgungskämme.

3.2 Standardzellen-Katalog

Der Zellenkatalog ist nicht für ein bestimmtes Anwendungsgebiet
optimiert, sondern soll möglichst universell einsetzbar sein. Unter
diesem Gesichtspunkt wurden ca. 35 Zellen ausgewählt und zu einer
einheitlichen Bibliothek zusammengestellt. Die wichtigsten Funktionsgruppen sind in Tabelle 1 angegeben.

Funktion	Anzahl verschiedener Zellen
Logische Verknüpfungen	6
Buffer	2
Multiplexer	2
Flipflop	9
Schieberegister	3
Zähler	4
Arithmetische Elemente	4
Decodierer	2
Pad	3

Tabelle 1: Funktionsgruppen des Standardzellen-Katalogs

4 Universelles Zellenkonzept

Das Standardzellenkonzept allein ist für VLSI-Systeme nur bedingt
einsetzbar. Der Verdrahtungsanteil kann bei größeren Schaltungen
auf über 50 % der gesamten Fläche ansteigen. Außerdem lassen sich
komplexere Funktionen (z. B. ALU) nicht mit der begrenzten Zellen-
höhe realisieren. Deshalb muß ein universelles Zellenkonzept für
VLSI-Schaltungen auch Zellen enthalten, die ein integriertes Verdrahtungskonzept und einen komplexen Funktionsumfang besitzen. Diese Zellen sollten regelmäßig strukturiert sein, wie z. B. Slice-Zellen, PLA's und Speicher. Das universelle Zellenkonzept ist hierarchisch aufgebaut. Aus den Elementarzellen eines Typs, einschließlich der Standardzellen für unregelmäßige Schaltungsteile, werden
geeignete Schaltungsteile in Form von Zellenblöcken realisiert.
Diese so entstandenen Zellenblöcke werden wiederum als sogenannte

allgemeine Zellen beschrieben, die beliebige rechteckige Form haben
können. Die allgemeinen Zellen können dann mit einem Entflechtungsprogramm für allgemeine Zellen plaziert und verdrahtet werden.

4.1 Slice-Zellen

Bild 4 zeigt das Slice-Zellenkonzept. Diese Zellen eignen sich besonders zum Einsatz im Operationsteil von Schaltungen, die aus einem Operationsteil und einem Steuerteil aufgebaut sind. Im Operationsteil verlaufen der Verarbeitungsdatenfluß in Y-Richtung und
der Steuerdatenfluß in X-Richtung. Die Elementarzellen enthalten
neben der aktiven Fläche ein entsprechendes Verdrahtungskonzept
mit Aluminiumleitungen in Y-Richtung und Polysiliziumleitungen in
X-Richtung. Aufgrund der angepaßten Schnittstellen ist keine Inter-
zellenverdrahtung erforderlich. Die gewünschte Verarbeitungsbreite
der Schaltung wird durch entsprechendes Aufdoppeln der Bit-Slices
in horizontaler Richtung erreicht. Die Funktionskomplexität kann
durch vertikales Anfügen von Function-Slices erhöht werden. Ein
Ausschnitt aus einem Rechenwerk (ALU), bestehend aus vier Bit-Slices
und drei Function-Slices in NMOS-Technologie, ist in Bild 5 dargestellt. Slice-Zellen zeichnen sich durch sehr gute Flächenausnutzung und geringe Verdrahtungsprobleme aus.

4.2 Programmable-Logic-Arrays (PLA)

Größere kombinatorische Netzwerke lassen sich günstig mit PLA's
realisieren. Ein PLA ist die schaltungstechnische Realisierung von
logischen Schaltfunktionen in disjunktiver Form, wobei Produktterme
und Summenterme topologisch auf zwei Matrizen verteilt sind (UND-
Ebene bzw. ODER-Ebene). PLA's beliebiger Komplexität werden mit
speziellen Generierungsprogrammen erzeugt und als allgemeine Zellen
behandelt, die sich wie die mit anderen Zellentypen erzeugten Blöcke
in die Zellenhierarchie einfügen. Die Programmierung der UND- bzw.
ODER-Ebene erfolgt durch Erzeugen oder Weglassen von Schalttransi-
storen entsprechend den Produkt- und Summentermen der logischen
Funktionen. Die Eingangs- und Ausgangsleitungen eines PLA lassen
sich beliebig anordnen und damit optimal an die Peripherie des PLA
anpassen. PLA's weisen eine hohe Regularität auf und sind demnach
für VLSI-Schaltungen sehr geeignet. Durch die Möglichkeit, ein großes PLA in mehrere kleinere PLA's zu zerlegen, ist der Schaltungsentwickler flexibel in der Gestaltung des Floorplans. Durch Rück-
koppelung der PLA-Ausgänge über Speicherelemente auf die PLA-Ein-

gänge entsteht aus einer rein kombinatorischen Logik ein sequentiel-
les Schaltwerk. Diese Anwendung von PLA's findet man häufig in Ab-
laufsteuerungen wie z. B. bei der Realisierung von Steuerfunktionen
im Leitwerk von Mikroprozessoren. Bild 6 zeigt die Realisierung
eines PLA mit 19 Eingangssignalen, 20 Ausgangssignalen und 44 Pro-
dukttermen in NMOS-Technologie.

4.3 Speicher

VSLI-Schaltungen haben in zunehmendem Maße auch Speicherbereiche
auf dem Chip. Solche Speicher sind hauptsächlich Schreib-Lesespeicher
(RAM), schnelle Registerbänke (Dual-Port-RAM) und Festwertspeicher
(ROM). Bei den Schreib-Lesespeichern kann je nach speziellen Anforderungen bzgl. Fläche, Verlustleistung und Geschwindigkeit zwischen statischen und dynamischen RAM-Zellen gewählt werden.

Obwohl das Zellenkonzept in Analogie zum Speicherentwurf auf den
Entwurf von allgemeinen Schaltungen übertragen wurde, gibt es für
den Speicherentwurf selbst noch kein Generierungsprogramm, wie es
z. B. heute schon für PLA's zur Verfügung steht. Mit einem solchen
Hilfsmittel könnte ein Speicherblock konstruiert und als allgemeine
Zelle automatisch mit anderen Schaltungsteilen verdrahtet werden.

5 Zusammenfassung

Mit der Realisierung dieses universellen Zellenkonzeptes und des
dazugehörigen CAD-Systems ist eine wesentliche Verkürzung des Zeit-
und Entwicklungsaufwands bei VLSI-Schaltungen möglich. Dieses Ziel
wird stufenweise angestrebt. Zur Zeit ist die erste Version, eine
CMOS-Standardzellenbibliothek mit CAD-System, kurz vor ihrer Fertigstellung. Da der Entwurf nur nach logischen und topologischen Gesichtspunkten erfolgt und die Technologie dem Anwender weitgehend
verborgen bleibt, ist mit einer guten Akzeptanz bei Entwicklern
zu rechnen.

6 Literatur

1. Baltin, E.: Ein CAD-System für Zellenschaltungen und Gate-Arrays.
   In diesem Buch

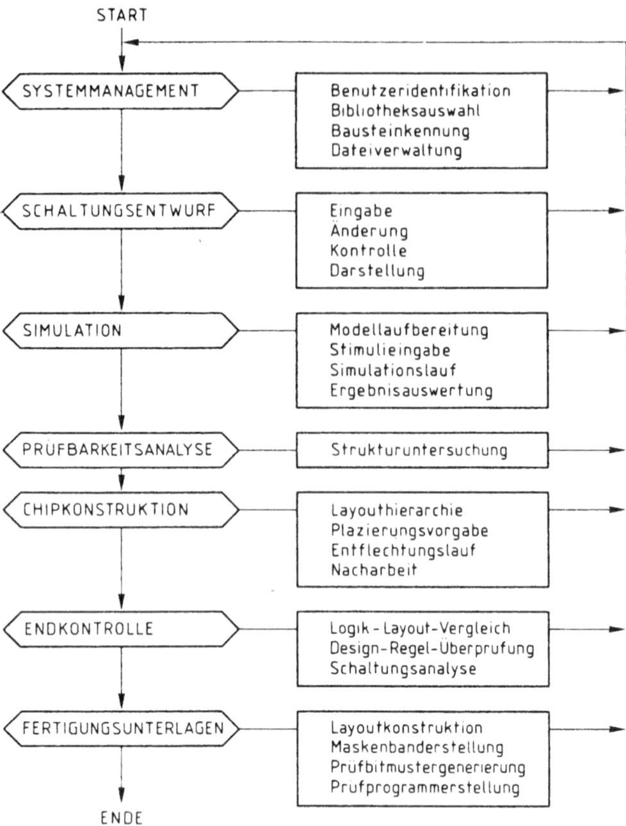

Bild 1. Entwicklungsschritte beim zellenorientierten Entwurfsprozeß

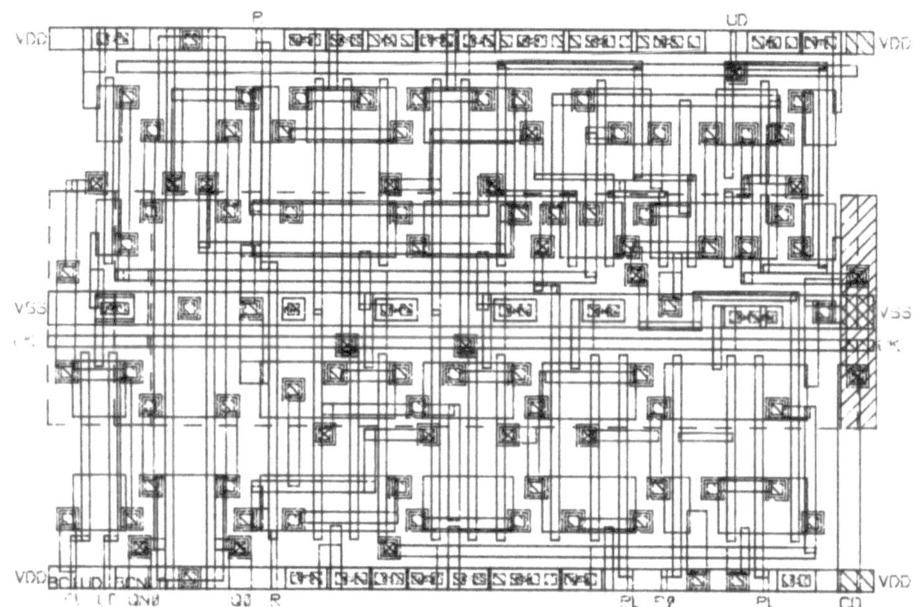

Vorwärts/Rückwärts-Zähler

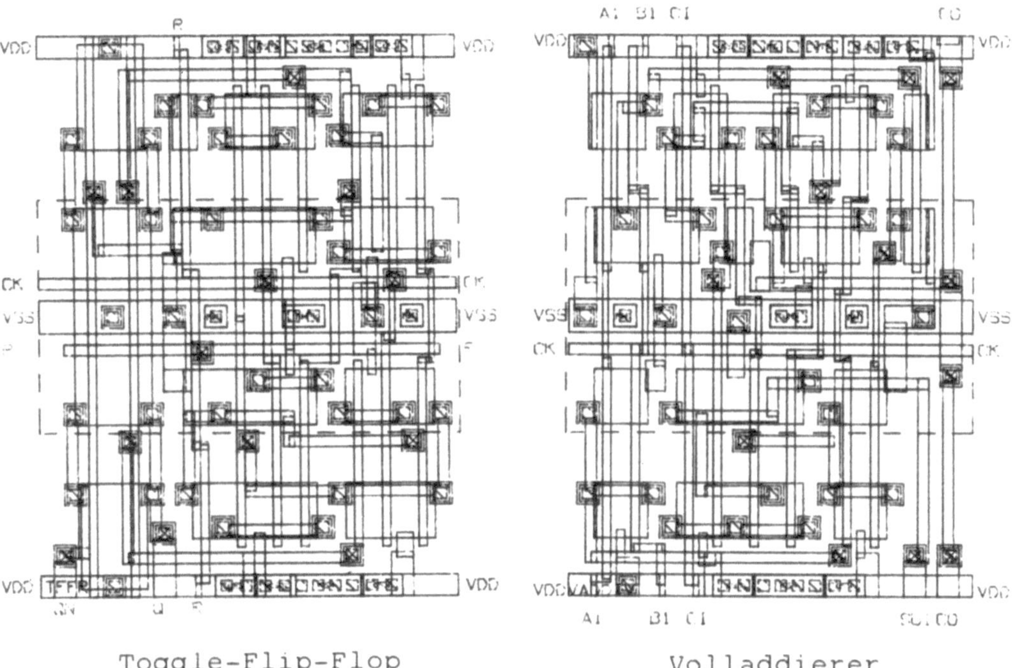

Toggle-Flip-Flop
mit Reset

Volladdierer

Bild 2. Standardzellen

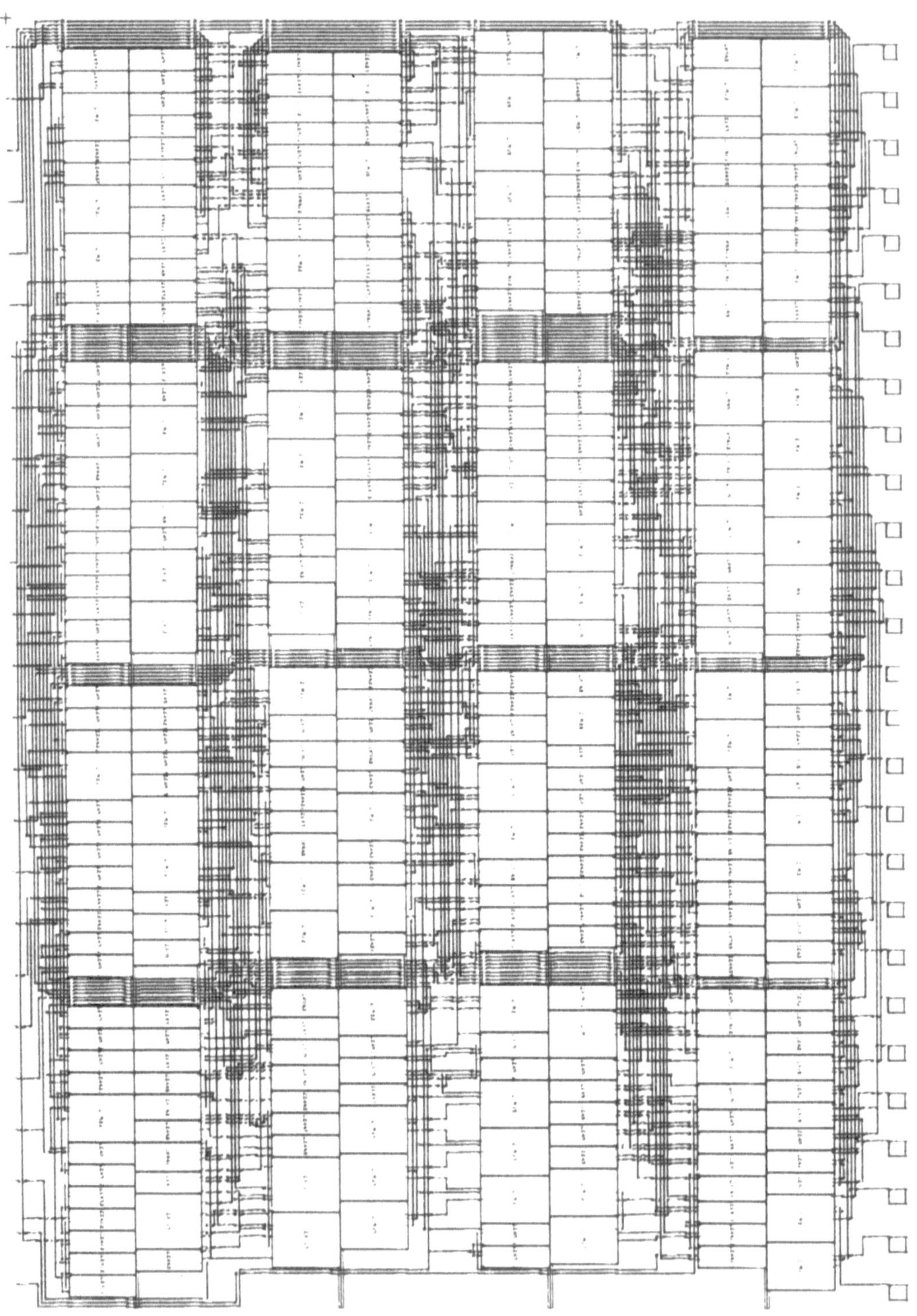

Bild 3. Automatische Entflechtung von Standardzellen

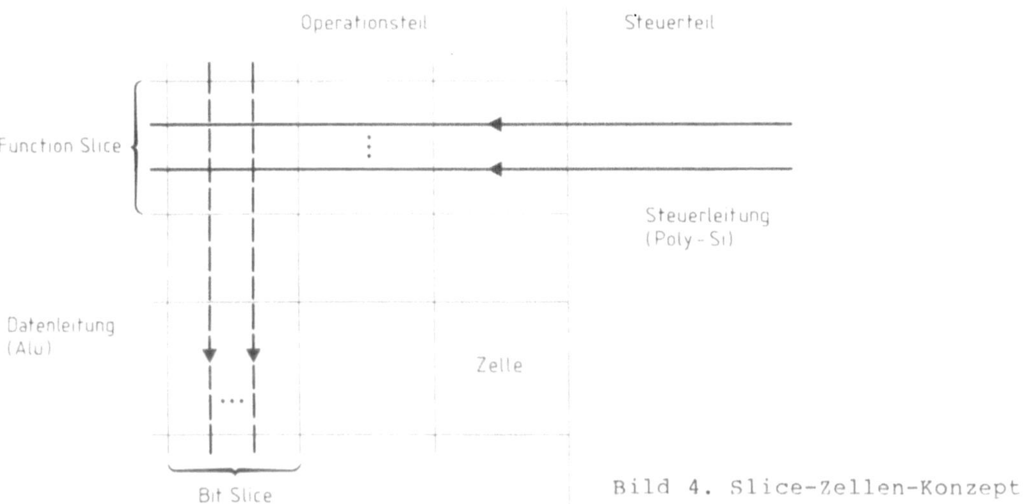

Bild 4. Slice-Zellen-Konzept

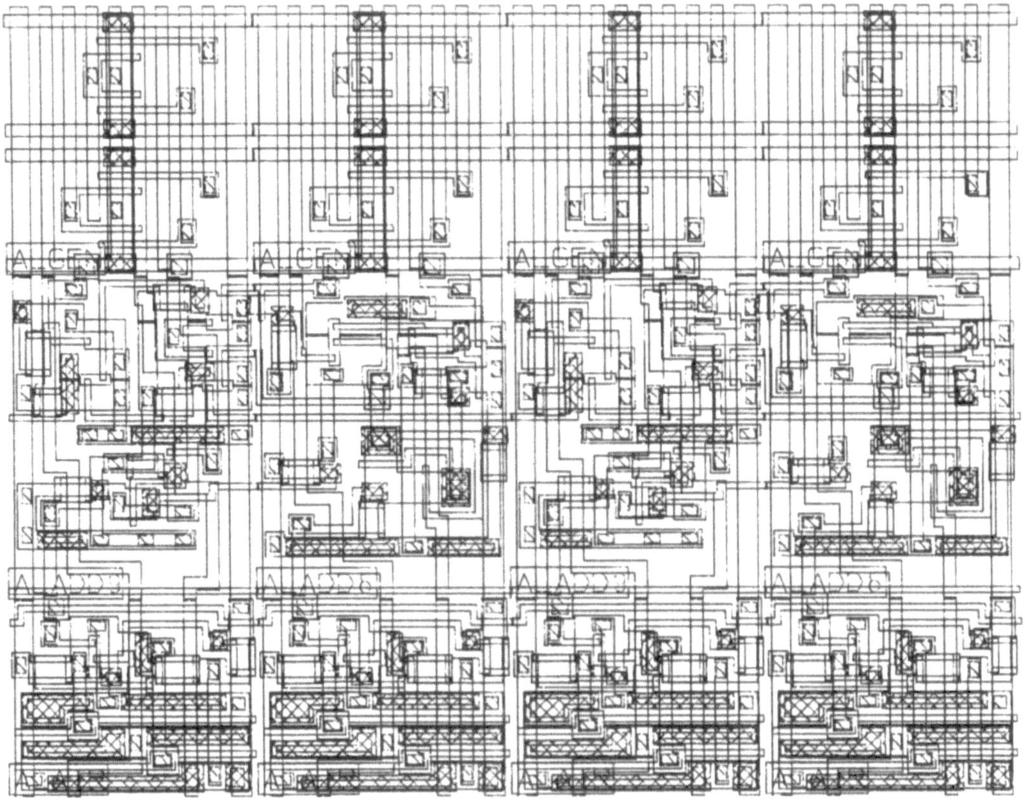

**Bild 5. Teil einer arithmetisch-logischen Einheit (ALU)
in Slice-Technik**

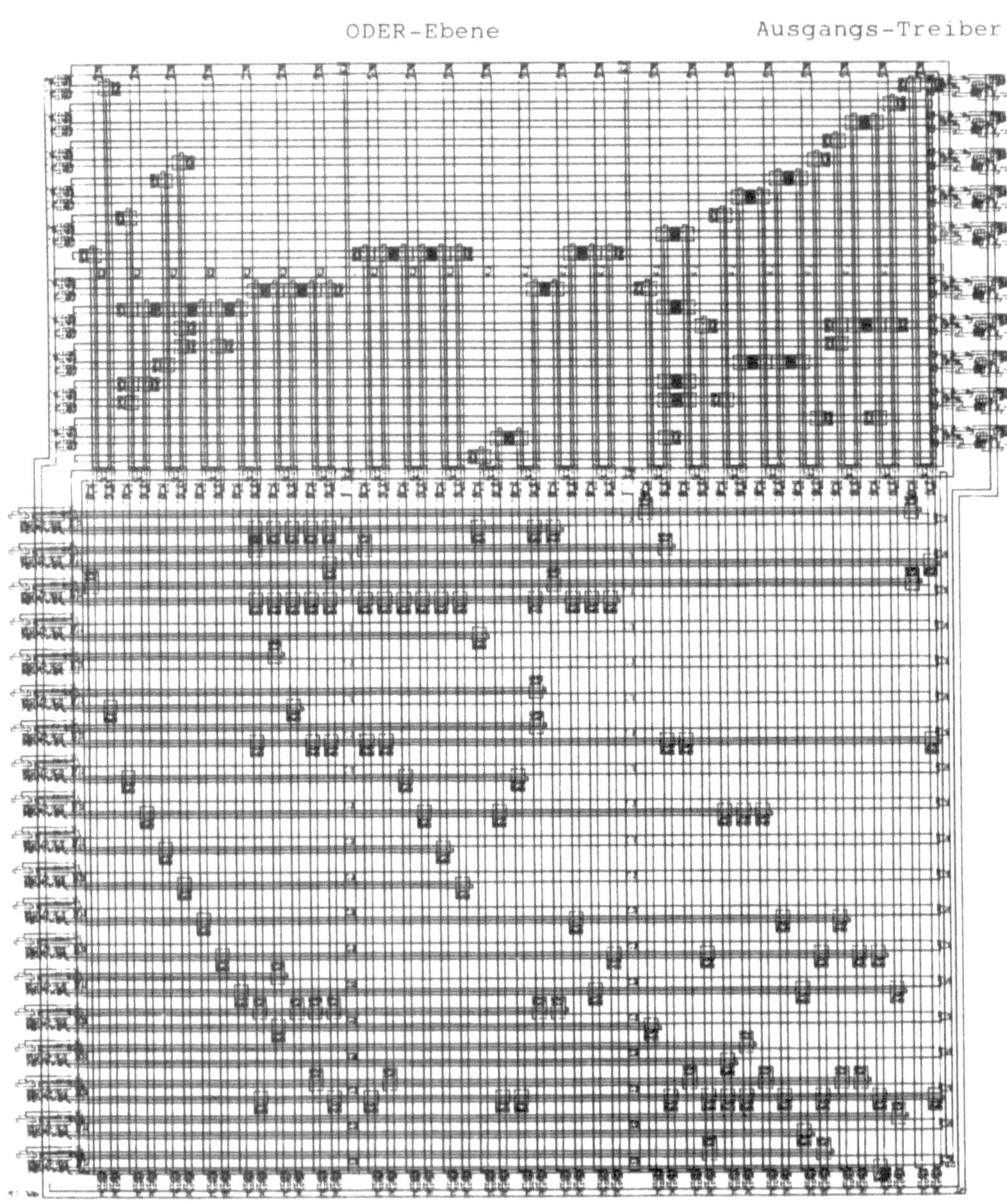

Bild 6. Programmable-Logic-Array (PLA)

Integriertes Prüfkonzept

Manfred Gerner

0 Einleitung

Im Gegensatz zu den annähernd stabilen Herstellungskosten werden sich die Prüfkosten für hochintegrierte Bausteine bei zunehmender Komplexität erhöhen wei gegenläufige Tendenzen sind hierfür verantwortlich. Zum einen nimmt die Gatterzahl pro Baustein zu, zum anderen erniedrigt sich die Zahl der Anschlußstifte pro Gatter. Die Folge ist eine Zunahme der logischen und sequentiellen Tiefe, wodurch der Prüfaufwand ungefähr exponentiell steigt. Mußte der Entwickler bislang nur Randbedingungen, wie Leistungs- und Flächenbedarf, berücksichtigen, so ist jetzt in zunehmendem Maße eine Einbeziehung einer späteren Prüfung notwendig. Entwicklungs- und Fertigungskosten sowie die Produktqualität werden wesentlich beeinflußt durch Prüfzeit, Prüfvorbereitung und Vollständigkeit der Prüfung. Auf Grund der zu erwartenden Bausteinvielfalt, begünstigt durch den Einsatz von Standardzellen und regelmäßigen Schaltungsstrukturen, ist ein integriertes Prüfkonzept erforderlich. Integriert bedeutet in diesem Zusammenhang die Einbeziehung des Prüfkonzeptes in ein allgemeines Entwurfsverfahren.

1 Bestandsaufnahme für ein Prüfkonzept

Zur Erstellung eines Prüfkonzeptes ist es sinnvoll, bereits vorhandene Strategien zu analysieren und gegebenenfalls zu modifizieren. Ein geschlossenes Prüfkonzept für Bausteine liegt zum jetzigen Zeitpunkt, soweit bekannt, bei den verschiedenen Halbleiterfirmen noch nicht vor. Für jeden Baustein wird in der Regel manuell ein individuelles Prüfprogramm erstellt. Im Gegensatz dazu gibt es bei der Leiterplattenentwicklung mit ähnlicher Problemstellung fundierte Verfahrenswege zur Prüfprogrammerstellung und -durchführung. Zur Bestandsaufnahme für ein Prüfkonzept werden daher die langjährigen Erfahrungen bei Leiterplatten mitberücksichtigt. Den veränderten Randbedingungen ist dabei Rechnung zu tragen. Im folgenden werden vorhandene Prüfmethoden, Vorbereitungsstrategien und Prüfmittel analysiert.

1.1 Begriffserklärung

Zunächst sollen einige in diesem Beitrag häufig verwendete Begriffe
erläutert werden:
- Logische Tiefe: Anzahl der hintereinander geschalteten Gatter
  zwischen Ein- und Ausgang.
- Sequentielle Tiefe: Anzahl der hintereinander geschalteten speichernden Elemente (Flipflop) zwischen Ein- und Ausgang.
- Prüfbus (scan-path): Der Prüfbus ist eine Schaltwerkserweiterung
  für Prüfzwecke, wobei speichernde Elemente des Schaltwerks zusätzlich zu ihrer Normalbetriebsfunktion zu einem Schieberegister
  verbunden sind. Die Ein- und Ausgänge des Schieberegisters sind
  an äußere Anschlüsse geführt. Flipflops, die in den Prüfbus einbezogen sind, können durch Ein- und Ausschieben sowohl gesetzt
  als auch abgefragt werden. Die sequentielle Tiefe wird null bei
  Einbeziehung aller speichernden Elemente in den Prüfbus.

1.2 Prüfmethodik

Die Prüfmethode bestimmt, welche Softwaretools zur Prüfvorbereitung
notwendig sind. Die wichtigsten Vertreter sind die schaltungs-,
die logik- und die funktionsorientierte Prüfung. Der Aufwand für
die Prüfvorbereitung und die Schärfe der Fehlererkennung nehmen
in der angegebenen Reihenfolge ab.

Grundlage für die schaltungsorientierte Prüfung ist der Transistor-
plan. Die Komplexität hochintegrierter Bausteine schließt diese
Methode für einen zukünftigen Einsatz aus.

Grundlage für die logikorientierte Prüfung ist der Gatterplan. Fehler
werden dabei bis auf Gatterebene erkannt und lokalisiert. Als mög-
liche Fehler werden dabei zugrundegelegt:
- Gatterausgang ständig auf 1 oder ständig auf 0 (stuck at)
- Gattereingang ist nicht verschaltet (open).

Bisher wurde diese Prüfmethode verstärkt bei Leiterplatten eingesetzt. Softwaretools zur automatischen Bitmustergenerierung sind
bereits vorhanden.

Die Grundlage für die funktionsorientierte Prüfung ist die Funktions-
beschreibung des Bausteins (Befehlssatz, Automatentafel). Das zu-

gehörige Prüfprogramm wird weitgehend manuell erstellt. Mikroprozessoren werden herkömmlicherweise nach dieser Methode geprüft. Eine Aussage über die Vollständigkeit der Prüfung ist schwierig.

Bild 1 zeigt, bis zu welcher Bausteingröße die einzelnen Prüfmethoden mit vertretbarem Aufwand noch einsetzbar sind. Die angegebenen Zahlen sind nur grobe Richtwerte, da der Aufwand für die jeweilige Prüfmethode nicht nur von der Gesamtgatterzahl, sondern auch wesentlich von der sequentiellen Tiefe des Bausteins bestimmt wird. Eine Besonderheit stellt die logikorientierte Prüfung mit Prüfbus dar, der die sequentielle Tiefe des Bausteins im günstigsten Fall auf null herabsetzt. Der Prüfaufwand wird dadurch wesentlich reduziert.

1.3 Statische und dynamische Prüfung

Die Prüfung eines Bausteins läuft nach folgendem Schema ab (siehe Bild 2). Zunächst wird der Baustein durch eine Testmusterfolge an seinen Eingängen stimuliert. Die Länge der Folge ist abhängig von der sequentiellen Tiefe des zu überprüfenden Datenpfades. Die Bausteinreaktion wird dann an den Ausgängen beobachtet. Bei einer statischen Prüfung werden die gemessenen Werte einem Soll-/Ist-Vergleich unterzogen. Es wird dabei nur das logische Verhalten überprüft, ohne Berücksichtigung des zeitlichen Verhaltens. Erfahrungen bei der Leiterplatten- und LSI-Prüfung zeigen, daß nur etwa 2 bis 3 % der möglichen Fehler damit unerkannt bleiben. Bei einer dynamischen Prüfung wird zusätzlich noch die Reaktionszeit des Bausteins gemessen. In der Praxis werden dabei zeitkritische Pfade stichprobenartig auf Laufzeitfehler überprüft. Statische und dynamische Prüfung sind klar zu trennen.

1.4 Prüfvorbereitung

Zur Prüfvorbereitung zählt neben der Prüfprogrammerstellung auch ein prüffreundlicher Entwurf des Bausteins. Zur Verkürzung der Prüfvorbereitungszeit und zur Erhöhung des Fehlererkennungsgrades sind in Zukunft bereits beim Architektur- und Schaltungsentwurf Maßnahmen zur Verbesserung der Prüfbarkeit erforderlich. Sie bestehen unter anderem in der Einführung eines Prüfbusses oder zusätzlicher Anschlußstifte. Bei Leiterplatten sind in der Regel zehn Prozent der Anschlußstifte für Prüfzwecke vorgesehen. Im Gegensatz dazu kann bei Bausteinen die Pinzahl nicht beliebig erweitert werden. Speziell für den Prüfbus sind bestimmte Entwurfsregeln in der Schal-

tungstechnik einzuhalten, um dynamische Fehler auszuschließen. Diese
werden nämlich mit dem Prüfbus nicht erkannt. Weitere Möglichkeiten für einen prüffreundlichen Entwurf bieten Selbsttestschaltungen
auf dem Baustein. Speziell für die Fertigungsprüfung (go/no go)
kann dadurch der Aufwand verringert werden /1/.

Eng verknüpft mit dem prüffreundlichen Entwurf ist eine Prüfbarkeitsanalyse. Sie erfolgt parallel zum Bausteinentwurf. Es werden damit
schwer prüfbare interne Knoten ermittelt. Eine Verbesserung des
Entwurfs kann daraufhin erfolgen.

Ein wesentlicher Teil der Prüfvorbereitung entfällt auf die Prüfprogrammerstellung. Das Prüfprogramm setzt sich zusammen aus den
Ein/Ausgangsbitmustern für eine statische und dynamische Prüfung,
dem Parametertest und der Auswertung der erfaßten Istwerte bezüglich
Fehlererkennung und -lokalisierung. Eine rein manuelle Bitmuster-
erstellung ist sehr zeitaufwendig und fehlerträchtig. Eine wesentliche Voraussetzung ist daher ein Simulationsmodell des Bausteins
zur Berechnung der Ausgangsbitmuster (Sollwerte). Eine Fehlersimulation ermittelt die Effektivität der Eingangsbitmuster, d.h., wie-
viele der möglichen Fehler erkannt werden (Fehlererkennungsgrad).
Die Zahl der notwendigen Eingangsbitmuster steigt exponentiell mit
der Komplexität des Bausteins. Eine automatische Generierung der
Eingangsbitmuster bietet daher eine wesentliche Verkürzung der Prüfvorbereitung. Derzeit sind Bitmustergeneratoren nur für eine logikorientierte Prüfung verfügbar. Die Einführung eines Prüfbusses kann
auch dabei die Rechenzeit für die Generierung stark verkürzen.

Besonders bei der Prüfung des Prototypen ist neben der Fehlererkennung eine genaue Fehlerlokalisierung erforderlich, um geeignete
Redesignmaßnahmen einzuleiten. Zur Fehlerlokalisierung bei Bausteinen
gibt es derzeit kaum Softwareunterstützung. Bei der Bausteinprüfung
kann die Lokalisierung nur über Schnittmengenbildung unter Verwendung
der Ergebnisse einer Fehlersimulation erfolgen. Geeignete Algorithmen
müssen hierfür noch entwickelt werden. Eine Fehlerpfadverfolgung
(guided probe) mit Tastkopf und Logikanalysator, wie bei Leiterplatten üblich, kann auf Grund fehlender interner Abtastpunkte nicht
durchgeführt werden. Sinnvoll ist weiterhin der Einsatz eines geeigneten Formatierungs- und Bindeprogramms, das den Prüfprogramment-
wickler weitgehend von manueller Eingabe befreit.

1.5 Prüfmittel

Neben der Prüfvorbereitung werden zur eigentlichen Prüfung geeignete Werkzeuge benötigt. Bausteine geringer Komplexität können noch am Labormeßplatz untersucht werden. Für eine vollständige Prüfung sowie die Einbindung in ein Prüfkonzept ist der Labormeßplatz nicht geeignet und daher als zentrales Prüfmittel auszuschließen. Der Testautomat dient zur systematischen Prüfung des Bausteins. Sein Einsatzbereich ist sowohl die Entwicklung als auch die Fertigung. Das erstellte Prüfprogramm läuft am Testautomaten ab. Eine weitere Möglichkeit zur Bausteinüberprüfung ergibt sich durch den Einsatz eines Elektronenstrahlmeßgerätes (EMG). Es wird zur Beobachtung interner Knoten für eine Fehleranalyse eingesetzt. Es liegen bereits positive Erfahrungen aus der Praxis vor /2/.

2 Prüfkonzept für CMOS-Standardzellen

Das Prüfkonzept ist Bestandteil eines Entwurfsverfahrens mit CMOS-Standardzellen. Dabei sollen die notwendigen technologischen Kenntnisse des Anwenders auf ein Minimum beschränkt bleiben. Der Einsatz von CMOS-Standardzellen ist vergleichbar mit dem von TTL-Bausteinen. Ein wesentlicher Einsatzbereich des Entwurfsverfahrens wird die Umsetzung von Leiterplatten auf Bausteine sein. Architekturänderungen sind dabei in der Regel nicht möglich. Ein weiteres Anwendungsgebiet der CMOS-Standardzellen ist der Neuentwurf von Kundenschaltkreisen. Weitere Einsatzmöglichkeiten des Prüfkonzeptes sind Entwurfsverfahren mit Gate-Arrays oder allgemeinen Zellen.

Ein wesentliches Ziel bei der Entwicklung ist, bereits vorhandene Strategien und Tools zur Prüfung von Leiterplatten sinnvoll für Bausteine anzupassen und zu modifizieren. Dazu sind Analogien und Unterschiede zwischen Leiterplatte und Baustein auszuarbeiten. Das Prüfkonzept ist praxisorientiert ausgerichtet und kann mit den derzeit zur Verfügung stehenden Prüfmitteln und Softwaretools realisiert werden. Der Aufwand für Anpassung und Erweiterung der Tools hält sich dabei in vertretbaren Grenzen.

2.1 Randbedingungen für das Prüfkonzept

Der Einsatzbereich des hier vorgeschlagenen Prüfkonzeptes beschränkt sich auf Bausteine mit maximal 4000 Gatterfunktionen. Die Zahl der

Anschlußstifte ist auf 120 begrenzt. Das entspricht der Ausbaustufe der derzeit verfügbaren Testautomaten.

Die Schaltungselemente sind zunächst einfache Gatter, Flipflops, Register, Zähler und ähnliche Elemente. Sie müssen alle als Simulationsmodell und als Testschaltung verifiziert und überprüft worden sein. Durch diese Maßnahme wird die Wahrscheinlichkeit für zellinterne Entwicklungsfehler so gering wie möglich gehalten. Logik- und Designfehler des Bausteins sind in der Regel auf die Verdrahtung beschränkt. Die Fehlerlokalisation bei der Prototypenprüfung erfolgt auf Zellenebene.

Umfangreichere Komponenten, wie Speicher und PLA-Strukturen, werden erst in weiteren Ausbaustufen des Entwurfsverfahrens berücksichtigt.

Dynamische Fehler sind durch einen rein zustandsorientierten Schaltungsentwurf auszuschließen. An die Eingangssignale werden keine Forderungen bezüglich Flankensteilheit gestellt. Es wird eine logikorientierte, rein statische Prüfung durchgeführt. Zur Überprüfung des dynamischen Verhaltens müssen vom Entwickler besonders laufzeitkritische Pfade angegeben werden. Diese werden dann gesondert auf ihr zeitliches Verhalten hin überprüft.

Ein Prüfbus ist erst in späteren Ausbaustufen vorgesehen. Prüfbusfähige Flipflops werden daher in der Zellbibliothek noch nicht angeboten. Auf Grund der jetzigen Zielsetzung des Entwurfsverfahrens, Leiterplatten in Bausteine umzusetzen, kann der Prüfbus dem Anwender noch nicht zwingend vorgeschrieben werden. Daher wird auch zunächst nur die Einhaltung von Entwurfsempfehlungen vorausgesetzt, insbesondere zur Erleichterung der Prüfvorbereitung.

Mit dem Entwurfsverfahren für Bausteine mit CMOS-Standardzellen wird eine Durchlaufzeit von maximal drei Monaten angestrebt. Das ist die Zeit von der Eingabe des Verdrahtungsplanes in die Datenhaltung bis hin zur Fertigstellung des ersten Prototypen. Eine schritthaltende Prüfvorbereitung ist unbedingt erforderlich. Dies kann nur durch eine weitgehende Automatisierung der Prüfprogrammerstellung erfolgen.

2.2 Prüfvorbereitungen

Die Prüfvorbereitung läuft weitgehend automatisch ab. Durch Einsatz von Softwaretools wird der Entwickler entlastet und die Fehlersicherheit der Prüfprogramme verbessert. Voraussetzung für die Prüfvorbereitung ist eine allgemeine Datenhaltung /3/. Zur Prüfbarkeitsanalyse und Prüfbitmustergenerierung wird ein Programmpaket eingesetzt, das aus einem Eingangsprüfbitmuster-Generator, einem Richtigsimulator und einem Fehlersimulator besteht. Aus Verdrahtungsplan und Zellenbibliothek (Datenhaltung) wird automatisch das Simulations-Modell des Bausteins generiert (Bild 3). Zur Prüfbarkeitsanalyse wird eine Eingangsbitmustergenerierung durchgeführt. Nicht einstellbare interne Knoten werden gemeldet. Der Entwickler kann dann seine Schaltung daraufhin verbessern (Bild 4).

Nach entgültiger Fertigstellung des Entwurfs kann die eigentliche Generierung der Ein/Ausgangsbitmuster zur Sensibilisierung aller möglichen Pfade zwischen Ein- und Ausgängen des Bausteins erfolgen. Die Eingangsbitmuster dienen dann als Eingabe für eine Richtigsimulation. Diese liefert als Ergebnis die Ausgangsbitmuster. Ist der Fehlererkennungsgrad, ermittelt über Fehlersimulation, nicht ausreichend, werden weitere Bitmuster generiert.

Bei rein kombinatorischen Bausteinen, die keine speichernden Elemente enthalten, wird in vielen Fällen bereits beim ersten Lauf vollständige Fehlererkennung erreicht. Bei Bausteinen mit großer sequentieller Tiefe können die Bitmuster nur teilweise automatisch generiert werden. Ein manueller Eingriff ist erforderlich (Bild 5).

Die generierten Bitmuster werden zusammen mit den Daten zur Parameterprüfung und Fehlerlokalisation zum Prüfprogramm formatiert und gebunden. Dazu wird ein Prüfprogrammgenerator eingesetzt. Er ist ebenfalls an die Datenhaltung angeschlossen und generiert ein für den Testautomaten verständliches Prüfprogramm. Das Prüfkonzept selbst ist völlig unabhängig vom Testautomaten.

Entscheidend ist, daß die Prüfvorbereitung parallel zum Entwurf des Bausteins erfolgt. Zum Zeitpunkt der Fertigstellung des Bausteins muß das komplette Prüfprogramm vorliegen. Das so erstellte Prüfprogramm ist eine Obermenge für die spätere Fertigungs- und Systemprüfung. Ein zusätzlicher Aufwand ist dazu in der Regel nicht mehr notwendig.

2.3 Prüfmittel

Für die Anwender des Prüfkonzeptes sind drei Ausbaustufen der Prüfmittel für die Entwicklung vorgesehen.

Stufe 1 sieht lediglich einen Anschluß zu einer Großrechenanlage
vor. Die Prüfvorbereitung bis hin zum kompletten Prüfprogramm kann
damit in Verbindung mit einer zentralen Datenhaltung durchgeführt
werden. Fertigung und Prüfung des Prototypen werden dann beim Halb-
leiterhersteller durchgeführt.

Stufe 2 beinhaltet zusätzlich einen Testautomaten. Das auf der Großrechenanlage erstellte Prüfprogramm ist hier ablauffähig. Eine systematische Prüfung wird durchgeführt. Für spezielle Voruntersuchungen
des Bausteins (Prototyp) kann auch ein Labormeßplatz bedingt eingesetzt werden. Die Bausteine sollen dabei nach optisch erkennbaren
Fertigungsfehlern, bezüglich der Stromaufnahme und eventuell bezüglich der Takterzeugung überprüft werden. Eine Logiküberprüfung
am Labormeßplatz erscheint bei komplexen Bausteinen nicht mehr sinnvoll.

Stufe 3 bietet zusätzlich noch ein Elektronenstrahlmeßgerät (EMG).
Es wird vor allem zur Ausfallanalyse komplexer Bausteine eingesetzt.
Die Erfahrung hat gezeigt, daß speziell beim Prototypen mit dem
Testautomaten nicht alle Fehler lokalisiert werden können. Das EMG
bietet hier einen Ausweg. Jede Zelle erhält dazu an ihren Ein-/Aus-
gängen Prüfpunkte für eine Meßwerterfassung mit dem EMG. Diese befinden sich in der Aluminiumebene. Bei einer Zweilagen-Aluminium-
Verdrahtung befinden sich die Prüfpunkte in der oberen Verdrahtungsebene. Mit dem EMG können dadurch interne Knoten zerstörungsfrei
und ohne Verfälschung durch Kopplungskapazitäten beobachtet werden.

2.4 Prüfung des Prototypen von komplexen Bausteinen

Ein wesentlicher Teil der Entwicklungszeit muß für die Prüfung des
Prototypen aufgewendet werden. Es muß dabei gewährleistet sein,
daß bereits bei der Prüfung des ersten Prototypen sämtliche Logik-
und Designfehler erkannt werden. Um dies zu erreichen, wird der
jeweils erkannte Fehler in das Simulations-Modell eingebaut. Anschließend werden neue Ausgangsbitmuster bestimmt. Dadurch wird
in der Regel vermieden, daß weitere Fehler überdeckt und so nicht

mehr erkannt werden. Bei laufzeitkritischen Bausteinen können die wesentlichen Laufzeiten mit dem EMG überprüft werden. Auch zu einer detaillierten Fehleranalyse steht das EMG zur Verfügung. Bild 6 zeigt den Ablauf der Prototypenprüfung.

3 Ausblicke

Die Verwirklichung des integrierten Prüfkonzeptes ist in mehreren Ausbaustufen geplant. In weiteren Stufen werden dem Anwender wahlweise der Einsatz eines Prüfbusses und eine dynamische Prüfung zusätzlich angeboten. Dazu müssen allerdings Entwurfsregeln zwingend vorgeschrieben werden. Ein Bitmustergenerierungsprogramm, speziell abgestimmt auf den Prüfbuseinsatz, ist bereits spezifiziert und teilweise implementiert. Damit kann auch die Prüfvorbereitung für Bausteine mit mehr als 4000 Gatterfunktionen durchgeführt werden. In weiterer Zukunft ist auch auf dem Gebiet der funktionsorientierten Prüfung eine automatische Prüfbitmustergenerierung anzustreben. Speziell dazu müssen die Vorteile regelmäßiger Schaltungsstrukturen genützt werden. Grundlage hierfür kann eine Beschreibung auf Registertransferebene sein.

4 Literatur

1. Graßl, G.: Selbsttestende Schaltungen. In diesem Buch
2. Fox, F. et al.: Chipüberprüfung mit der Elektronensonde. In diesem Buch
3. Baltin, E.: Ein CAD-System für Zellenschaltungen und Gate-Arrays. In diesem Buch

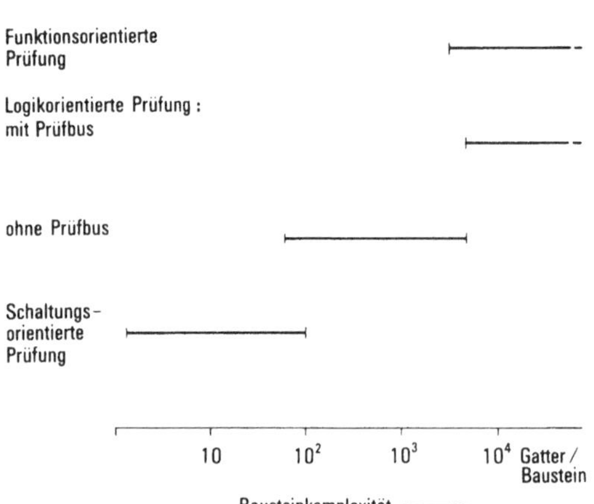

Bild 1.

Prüfmethode und Bausteinkomplexität

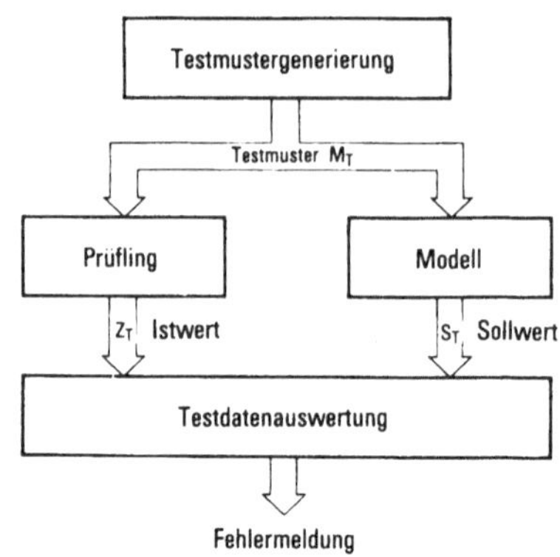

Bild 2.

Generelles Schema eines Testes

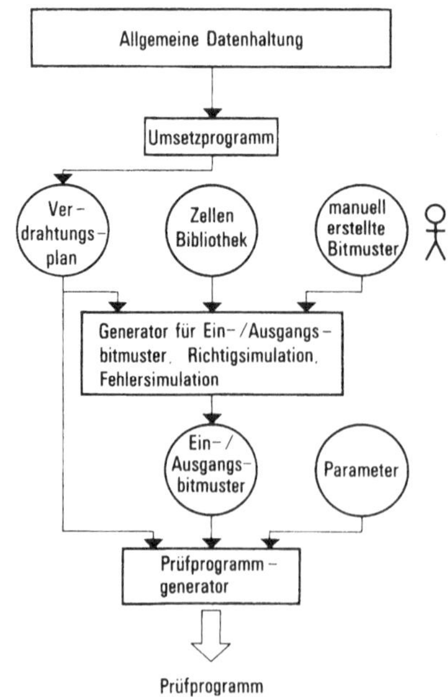

Bild 3. Ablauf der

automatischen Prüfprogrammierung

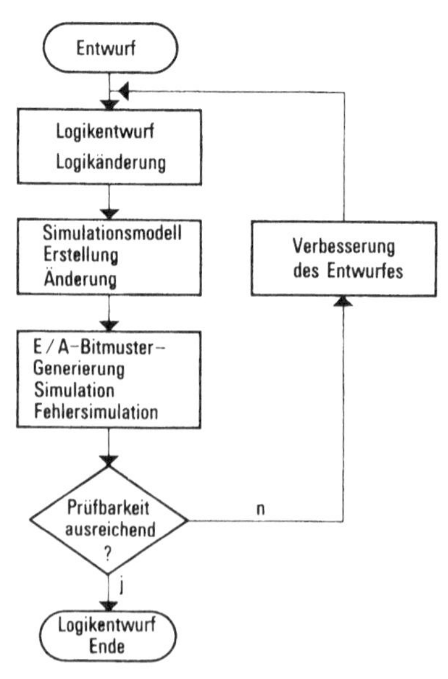

Bild 4.

Prüfbarkeitsanalyse

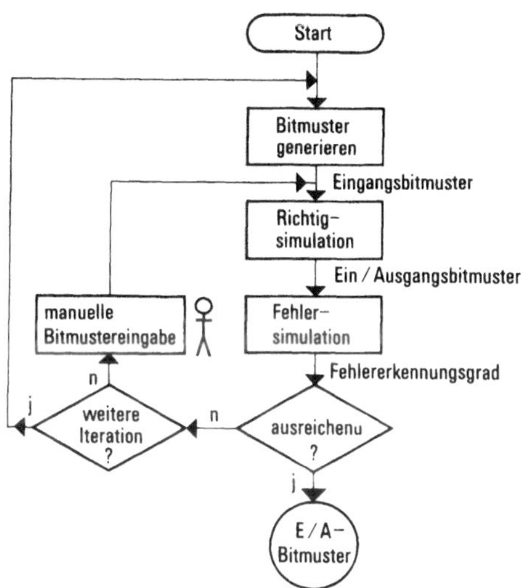

Bild 5. Erstellung
der Ein-/Ausgangsbitmuster

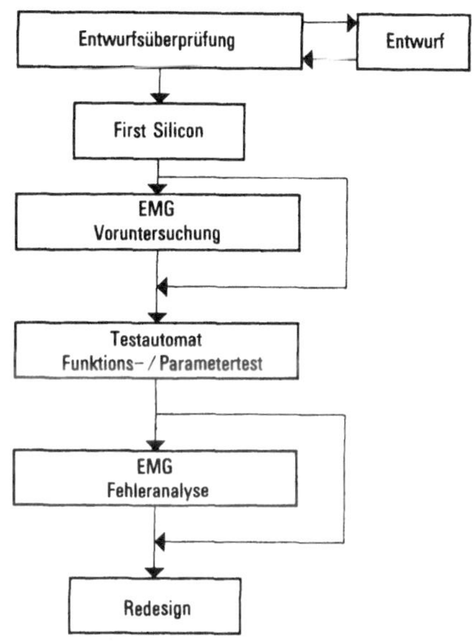

Bild 6. Ablauf der Prüfung

System für rechnerunterstützte Prüfdatenerstellung

Wilfried Rottmann

<u>0 Einleitung</u>

Ziel der VLSI-Bausteinprüfung am Prüfautomaten ist es, die Qualität (d.h. die Funktionsfähigkeit zum Prüfzeitpunkt) und die Zuverlässigkeit (d.h. eine geringe künftige Ausfallwahrscheinlichkeit) sicherzustellen. Hierzu werden die Bausteine statisch, dynamisch und unter verschiedenartigen Belastungen geprüft. Ferner gilt es, in der Anlaufphase einer Bausteinserie die erkannten Fehler zu diagnostizieren, um systematische Fehler im Maskenentwurf und in der Fertigung aufzudecken.

Die für die Prüfung und die Fehlerdiagnose benötigten Prüfdaten (Prüfprogramme und Fehlerdiagnosedaten) werden mit dem System DIO-GENES (<u>D</u>iagn<u>o</u>stic Data <u>Gener</u>ation <u>S</u>ystem) ermittelt (Bild).

<u>1 Systemüberblick</u>

Die Programme von DIOGENES kommunizieren über eine einheitliche Datennahtstelle miteinander ("GESIP"). In diese Nahtstelle werden auch die aus der Entwurfsdatenhaltung benötigten Daten (Schaltwerksbeschreibung, Entwurfssimulationsbitmuster) übertragen. So ist für einen durchgehenden Verfahrensablauf vom Bausteinentwurf bis zur Prüfdatenerstellung gesorgt.

Es wird zwischen statischen und dynamischen Tests unterschieden:
Bei statischen Tests werden die Ausgangssignale nach Ausklingen aller durch den Eingangswechsel verursachten Einschwingvorgänge bewertet. Bei dynamischen Tests wird zudem geprüft, ob die Signallaufzeiten innerhalb vorgegebener Grenzwerte liegen und die Ausgangssignale die spezifizierte Flankensteilheit aufweisen; ein dynamischer Test testet jeweils einen ausgewählten Pfad innerhalb des Bausteins.

Entsprechend den Bearbeitungsphasen gliedert sich die Prüfdatenerstellungssoftware in drei Gruppen.

1.1 Prüfbitmusterermittlung

In den Prüfbitmustern sind die anzulegenden binären Eingangswerte und die zugehörigen binären Ausgangssollwerte und inneren Zustände beschrieben. Bei dynamischen Tests sind zusätzlich Anweisungen für zeitgenaue Eingabe von Signalfolgen und zeitgenaue Ausgangssignalbewertung angegeben. Die Gewinnung vom Eingangsbitmusterfolgen, die eine hohe Fehlererkennung bewirken, ist das Hauptproblem der Prüfbitmusterermittlung. Hingegen können die Sollwerte im Innern und an den Ausgängen des Bausteins ausgehend von den Eingangsbitmustern problemlos automatisch durch Simulation ermittelt werden.

1.2 Prüfprogrammgenerierung

Ausgehend von den Prüfbitmustern wird das vollständige Prüfprogramm prüfautomatenspezifisch in der Prüfsprache des Prüfautomaten (Quellen-Code) generiert.

1.3 Prüfprogrammübersetzung

Das Prüfprogramm wird in den Objekt-Code des Prüfautomaten übersetzt. In der Bearbeitung schließt sich an die Erstellung des Prüfprogramm-Objekt-Codes noch die Phase des Prüfprogrammtests am Prüfautomaten mit einem realen Baustein an.

2 Komponenten für Prüfbitmusterermittlung

Die Erzeugung der Eingangsbitmuster beansprucht den weitaus größten Teil des Aufwandes für die Prüfdatenerstellung. Die Prüfbitmuster bestimmen die Prüfschärfe des Prüfprogramms. Eine der Aufgaben des Prüfvorbereiters ist es, das für die gegebene Schaltwerkstruktur geeignetste Prüfbitmustererstellungsverfahren zu wählen.

2.1 Personelle Prüfbitmustererstellung mit ATLED

Für die personelle Prüfbitmustererstellung wird die Prüfprogrammiersprache ATLED verwendet. In ATLED werden die Ein- und (wahlweise) die Ausgangsbitmuster beschrieben, zudem können Algorithmen für die Generierung von Bitmusterfolgen formuliert werden. Hierfür enthält ATLED u.a. Anweisungen zur Definition von Prüflingsanschluß-bündeln, ("Busse" oder "Vektoren"), Rechenanweisungen mit Vektoren und freien Variablen als Operanden sowie Schleifenanweisungen und bedingte Sprünge.

Der Vor-Compiler ATCOMP führt die Bitmustergenerieranweisungen aus und erzeugt die Prüfbitmuster. Diese stehen als Eingangsstimuli für den Simulator zur Verfügung, sie können aber auch direkt für die Prüfprogrammgenerierung verwendet werden, falls auch die Ausgangsbitmuster in ATLED beschrieben wurden.

ATLED wird z.B. zur Prüfbitmustererstellung (Ein- <u>und</u> Ausgänge) für Speicherfelder verwendet. Auch andere homogene Schaltwerkstrukturen sind für personelle Prüfbitmustererstellung mit ATLED geeignet.

2.2 Prüfbitmusterableitung aus der Entwurfssimulation

In der Entwurfssimulation wird der Schaltwerksentwurf u.a. auf logische Richtigkeit überprüft; die hierfür vom Entwickler vorzugebenden Stimuli (Einzelsignale, Mikrobefehle etc.) stellen einen wertvollen Grundstock für die benötigten Prüfbitmuster dar. Mit dem Programm PROSA werden Prüfbitmuster für einen VLSI gewonnen, der im Rahmen einer größeren Einheit, z.B. zusammen mit einem externen Mikroprogrammspeicher, entwurfssimuliert wurde. In diesem Fall werden die Prüfstimuli durch das Programm PROSA im Innern der simulierten Einheit abgegriffen.

2.3 Simulation

Die über ATLED und aus der Entwurfsimulation gewonnenen Eingangsbitmuster werden dem Simulator VERDIPUS zugeführt. Der VERDIPUS-Zyklensimulator ermittelt die Ausgangsbitmuster und die inneren Zustandswerte (für Fehlerdiagnose). Der VERDIPUS-Fehlersimulator stellt den Fehlererfassungsgrad fest und teilt die nicht erfaßten Fehler mit.

2.4 Prüfbitmustergenerierung mit LASAR

Für die automatische Prüfbitmustergenerierung einschließlich Richtig- und Fehlersimulation wird das System LASAR eingesetzt. Die wesentlichen Funktionen sind:

- Generierung von Prüfbitmustern für kombinatorische und sequentielle Schaltwerke.

- Richtigsimulation: Diese stellt kritische Zustände (Spikes etc.) durch Worst-Case-Laufzeitanalyse fest, löst, falls gefordert, kritische Zustände durch Zerlegen von Eingangsbitmustern auf, ermittelt die Sollwerte an den Bausteinausgängen und im Inneren.

- Fehlersimulation: Ausgehend von den Prüfbitmustern werden der Fehlererfassungsgrad und die nicht erfaßten Fehler festgestellt.

- Verkürzung des Prüfprogramms durch Überlagern von Prüfbitmustern bzw. durch Entfernen von Bitmustern, die (nach Feststellung durch die Fehlersimulation) nicht zur Erhöhung der Prüfschärfe beitragen.

Üblicherweise werden LASAR die aus der Entwurfssimulation gewonnenen Prüfbitmuster vorgegeben, auf denen aufsetzend LASAR weitere Prüfbitmuster für erhöhte Fehlererfassung hinzugeneriert.

Die Bearbeitung komplexer Bausteine setzt, auch mit LASAR, beim Prüfvorbereiter eine genaue Kenntnis des Schaltwerks voraus. Es sind Initialisierungs-Bitmusterfolgen für tiefe sequentielle Strukturen vorzugeben. Der Generiervorgang läuft in mehreren Schritten ab, zwischen denen der Prüfvorbereiter steuernd eingreifen muß.

2.5 Prüfbitmustergenerierung für Schaltwerke mit Prüfbus

Die Erfahrung mit automatischer Prüfbitmustergenerierung zeigt zunehmend bei größeren Bausteinen die Grenzen des Verfahrens; intensive personelle Zuarbeit ist erforderlich. Um für die künftigen VLSI-Bausteine Kosten und Abwicklungszeiten der Prüfprogrammerstellung in den erforderlichen Grenzen zu halten, sind prüffreundliche Schaltwerksstrukturen und Zusatzlogik für die Prüfung notwendig. Eine besonders wirkungsvolle Schaltwerkserweiterung für Prüfzwecke stellt der Prüfbus dar: Für Schaltwerke mit Prüfbus können Prüfdaten mit sehr hoher Prüfschärfe vollautomatisch generiert werden.
Der Prüfbus ist eine Schaltwerkserweiterung für Prüfzwecke, durch welche Speicherglieder des Schaltwerks zusätzlich zu ihrer Normalbetriebsfunktion zu einem Schieberegister verbunden sind; die Schieberegisterein/ausgänge sind an äußere Schaltwerks (=Prüflings)-Anschlüsse geführt.

Der Prüfbus ist in der Regel nur während des Prüfbetriebs wirksam; die Normalbetriebsfunktion des Schaltwerks wird durch den Prüfbus nicht verändert.

Speicherglieder, die in den Prüfbus einbezogen sind, können über
Ein- und Ausschieben sowohl gesetzt als auch abgefragt werden; sie
können für die Prüfung als "mittelbare Schaltwerksanschlüsse" aufgefaßt werden.

Ein Prüfdatengeneriersystem für Schaltwerke mit Prüfbus (GENESYS)
ist in Entwicklung. Im folgenden werden die wesentlichen Merkmale
des Systems dargestellt.

2.5.1 Generator für statische Tests und Fehlerdiagnosedaten (GENESYS.S)

- vollständige Fehlererfassung entsprechend der Fehlerart "Fest
  auf 0/1" auf Gatterebene,
- Verarbeitung auch komplexer Generierelemente,
- 7 bzw. 9 Zustandswerte bei der Generierung,
- Erkennung und spezifische Verarbeitung der Taktlogik,
- Freie, nicht vom Prüfbus erfaßte Flipflops sind in begrenztem
  Umfang zulässig,
- Erzeugung von Fehlerdiagnosedaten für Testergebnisanalyse: Aus den
  auf Fehler gelaufenen Tests wird der Fehlerort/-bereich ermittelt,
- Erster Einsatz für ECL-Gate-Array-Bausteine in Mitte 83, Erweite-
  rung für MOS ist vorgesehen.

2.5.2 Generator für dynamische Tests (GENESYS.D)

- Erfassung nahezu aller Signalpfade, auch der zwischen Flipflops
  gelegenen,
- Überprüfung der Vorbereitungs- und Haltezeiten der Flipflops,
- Berücksichtigung der Toleranzbereiche,
- Erster Einsatz für ECL-Gate-Array-Bausteine, Erweiterung für
  MOS ist vorgesehen.

3 Komponenten für Prüfprogrammgenerierung

Die vollständigen Prüfprogramme werden von PROGENIC in der Sprache
des Prüfautomaten generiert. Personeller Aufwand, außer der Pro-
grammbedienung, ist hierbei nicht erforderlich. PROGENIC verwendet
als Eingaben die Prüfbitmuster und die Schaltwerksbeschreibungen.

PROGENIC wird hinsichtlich des zu erzeugenden Prüfprogrammaufbaus und -inhalts, soweit diese durch prüftechnische Eigenschaften der Schaltkreistechnik und des Prüfautomaten (inkl. Prüfprogrammiersprache) bestimmt sind, weitgehend über Bibliotheken gesteuert. Diese Bibliotheken sind jeweils für eine Schaltkreistechnik und einen Prüfautomaten einmalig festzulegen.

U. a. werden folgende Messungen und Prüfungen generiert.
  Parametrische Tests:
    - Kurzschlußprüfung,
    - Versorgungsstrom- Messung,
    - Ausgangspegelmessung,
    - Strommessungen an logischen Ein- und Ausgängen,
    - Funktionsprüfung unter Verwendung der Prüfbitmuster mit
      variierten Versorgungsspannungen,
    - Prüfung von 3-State-Ausgängen,
  ferner Anweisungen für:
    - Meßwertablage für Statistik,
    - Bildung von Statistiken über Ausfallursachen ("summary
      sheet").

Die wesentlichen Merkmale von PROGENIC sind:
    - Erzeugung von Prüfprogrammen für Scheiben (Wafer) und
      Bausteine,
    - Erzeugung statischer und dynamischer Prüfprogramme,
    - Einsetzbar für ECL-, TTL- und I^2L-Gate-Arrays (MOS in
      Vorbereitung),
    - Unterstützung der Prüfautomaten
      . PALSI (Siemens)
      . SENTRY 7/8
      . SENTINEL,
    - Erzeugung von Prüfprogrammen für Prüfbusbetrieb.

Durch PROGENIC wird ein standardisierter Prüfprogrammaufbau erreicht, der Transparenz und Qualität der einzelnen Prüfprogramme sicherstellt.

Das Programm DYNAMIT erzeugt aus geeigneten statischen Prüfbitmustern dynamische Tests. DYNAMIT wird später für Bausteine mit Prüfbus durch GENESYS.D abgelöst. Für die Umwandlung in dynamische Tests sind ausschließlich solche Prüfbitmuster geeignet, die nur einen Eingangssignalwechsel bei einem oder mehreren Ausgangssignalwechseln aufweisen. Nur in diesen Fällen ist ein eindeutiger dynamischer Prüfpfad zwischen Bausteineingang und -ausgang definiert. Aus Bitmustern mit mehreren Eingangssignalwechseln werden durch Strecken in mehrere aufeinanderfolgende Bitmuster mit jeweils <u>einem</u> Eingangssignalwechsel geeignete Prüfbitmuster erzeugt.

Der dynamische Test wird durch eine zeitgenaue Prüfanweisung auf den Zeitpunkt des frühest- und spätestzulässigen Eintreffens des Ausgangssignals generiert.

In dieses Verfahren ist eine Zyklensimulation mit VERDIPUS einbezogen, die die Ausgangssollwerte und die Signallaufzeiten ermittelt. Die dynamischen Tests werden mit dem Ziel eines kurzen Prüfprogrammablaufs optimiert.

Die Wirksamkeit des Verfahrens DYNAMIT ist durch zwei Umstände begrenzt:

- Das Verfahren ist auf die zufällige Ausbeute aus den statischen Prüfbitmustern angewiesen; eine hinreichende Erfassung der prüfbaren Pfade ist daher nicht sicher und wird im allgemeinen auch nicht erreicht.

- Mit diesem Verfahren sind nur dynamische Tests für rein kombinatorische Pfade, sowie Pfade von Flipflop-Ausgängen über kombinatorische Logik (in der transparent geschaltete Flipflops enthalten sein können) zu den Bausteinausgängen einschließlich der zugehörigen Taktpfade erzeugbar.

Nach dem DYNAMIT-Lauf erzeugt PROGENIC aus den dynamischen Tests das dynamische Prüfprogramm.

4 Komponenten für Prüfprogrammübersetzung

Die Prüfprogramme, formuliert in der Prüfprogrammiersprache des einzusetzenden Prüfautomaten, werden vom automatenspezifischen Compiler in den Prüfprogramm-Objektcode übersetzt.

Eingesetzt werden derzeit die Prüfautomaten PALSI (Prüfsprache ATLED, Compilierung in BS 2000) sowie SENTRY 7/8 und SENTINEL (Prüfprogrammiersprache FACTOR, Compilierung auf dem Prüfautomaten).

5 Einsatz

Mit DIOGENES (Bild) wurden Prüfdaten für über 100 ECL- und TTL-Gate-Array-LSI-Bausteine erstellt. Die Prüfbitmuster wurden größtenteils mittels LASAR in Interaktion mit dem Prüfvorbereiter erzeugt, wobei der Generator auf den Bitmustern der Entwurfssimulation, soweit verfügbar, aufsetzte.

Der erzielte Fehlererfassungsgrad der statischen Prüfprogramme lag im Bereich zwischen 98 % und 100 % . Bei den über DYNAMIT erzeugten dynamischen Prüfprogrammen wurden 30 % bis 70 % der vorhandenen Signalpfade erfaßt.

Der Einsatz von DIOGENES für MOS-VLSI-Bausteine ist in Vorbereitung.

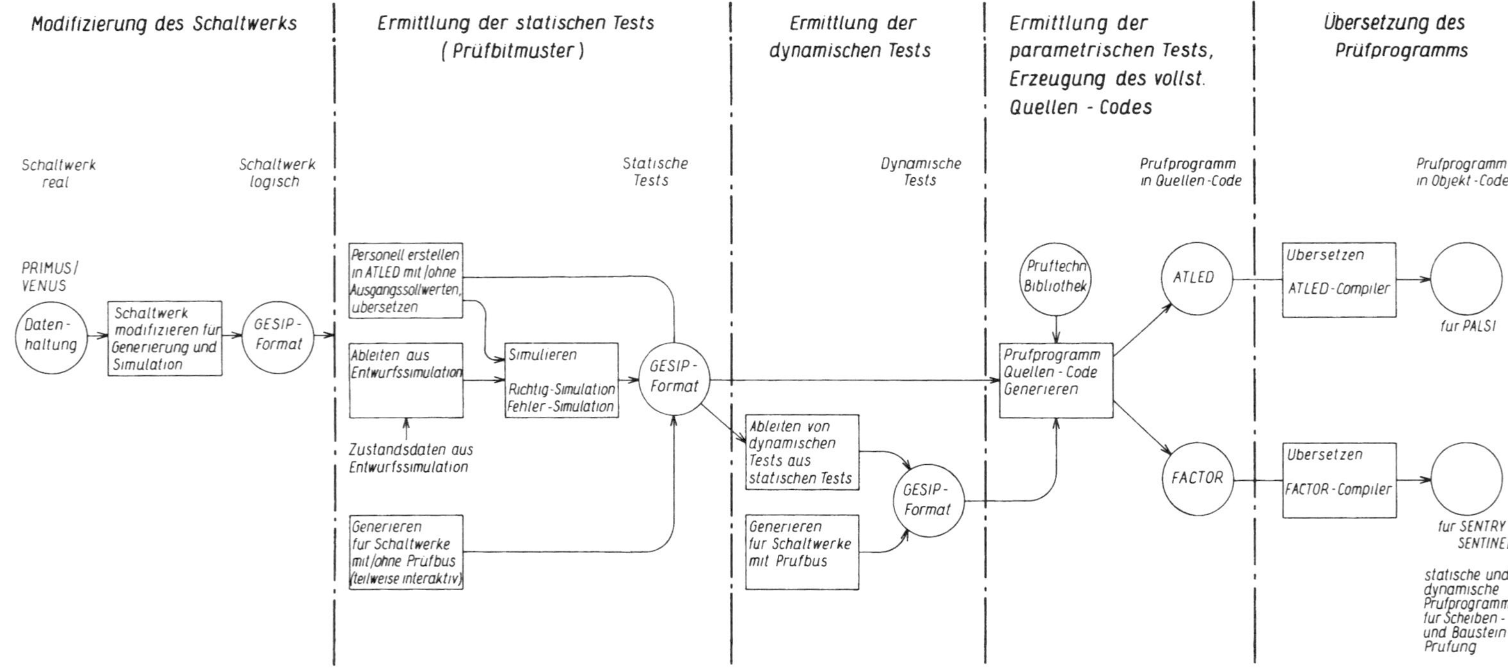

Bild 1. DIOGENES-System für rechnerunterstützte Prüfdatenermittlung: Verfahrensablauf für integrierte Bausteine

Selbsttestende Schaltungen

Gerhard Graßl

0 Einleitung

Bei den bisher üblichen Prüfmethoden für integrierte Schaltungen
werden Testvektoren von einem externen Prüfgerät an die Signalein-
gänge des Prüflings gelegt und die Testantworten mit den an einer
fehlerfreien Schaltung erwarteten Signalen verglichen. Hierbei müssen sowohl die Stimuli als auch die Testantworten in der Regel in
schnellen Speichern des Prüfautomaten abgelegt werden. Die Weiterentwicklung der Integrationstechnik hin zu komplexeren und schnel-
leren Schaltungen erfordert für die umfassende Prüfung eine größere
Zahl von Testvektoren, die mit höheren Frequenzen angeboten werden
müssen, so daß große schnelle Speicher benötigt werden. Außerdem
ergeben sich wachsende Schwierigkeiten, diese Datenmengen in den
engeren zeitlichen Toleranzen fehlerfrei zu übertragen. Solche Anforderungen können nur mit teueren Prüfautomaten erfüllt werden.
Darüber hinaus können Fehler bei der Kontaktierung des Prüflings
mit mehr als 100 Meßspitzen entstehen.

Außer bei der Fertigung sind auch Prüfungen der integrierten Schaltung auf der Leiterplatte und im Gesamtsystem bei Inbetriebnahme,
Diagnose und Wartung durchzuführen. Dabei sind die Bausteinanschlüsse
nicht mehr zugänglich. Derartige Prüfungen können zum Beispiel mit
Diagnoseprogrammen durchgeführt werden, die in Festwertspeichern
(ROM) abgelegt sind. Die Laufzeiten solcher Programme sind jedoch
bei umfangreichen Prüfungen relativ lang. Außerdem kann in der Regel
kein Fehlererkennungsgrad angegeben werden.

1 Hardware-Selbsttest

Die genannten Probleme können beseitigt werden, wenn die Schaltung
so ergänzt wird, daß sie Fehler selbst erkennen und ein Signal an
das Prüfgerät oder die Systemsteuerung abgeben kann. Dabei wird
unterschieden zwischen einer Funktionsüberwachung während des laufenden Betriebs (on-line) und einer Prüfung, wenn die Schaltung
untätig ist (off-line).

Die on-line Fehlererkennung dient vorwiegend zur Erhöhung der System-sicherheit. Fehler sollen sofort bei ihrem Auftreten angezeigt und damit eine Wiederholung der Operation oder ein Abbruch des laufen-den Prozesses ermöglicht werden, bevor größere Datenmengen zerstört sind. Hierfür werden vor allem redundante Codes (z.B. Hamming Codes) verwendet. Die einfachste Sicherung dieser Art, die auch bei inte-grierten Schaltungen angewendet werden kann, ist die Paritätsprü-fung. Allerdings eignet sich diese nur für Speicherung und Daten-übertragung. Eine Paritätsvorhersage bei Verknüpfungsoperationen oder im Steuerteil ist im allgemeinen sehr aufwendig und kommt nur in Ausnahmefällen in Frage. Daher ist mit on-line Methoden nur unter großen Aufwand eine vollständige Fehlererkennung möglich.

Beim off-line Selbsttest führt der Baustein außerhalb des normalen Betriebes spezielle Testoperationen durch, die auf dem Chip gene-riert werden, und wertet die Antworten aus. Die Aufgaben des Prüf-automaten in der Fertigung oder der Systemsteuerung werden so auf die Initialisierung, eine einfache Ablaufsteuerung und die Abfrage des Ergebnisses reduziert. Außerdem muß noch die Funktion der Ein- und Ausgangsschaltungen überprüft werden.

2 Prinzip des Selbsttests mit eingebauten Testmustergeneratoren und Testdatenauswertern

Bei dem im folgenden diskutierten Hardware-Selbsttest-Verfahren /1/ werden die benötigten Testdaten und Steuersignale weitgehend in Testmustergeneratoren (TMG) auf dem Chip erzeugt. Die anfallen-den Testergebnisse werden in Testdatenauswertern (TDA) zu einem Wort komprimiert. Die Testhilfen werden dabei so plaziert, daß man eine günstige Aufteilung der Schaltung in leicht testbare Module erreicht (Bild 1) und gleichzeitig der zusätzliche Schaltungsauf-wand gering bleibt. Module, die nicht in unmittelbarer Beziehung zueinander stehen, können dabei unabhängig voneinander gleichzeitig getestet werden.

Der Einbau vieler Testhilfen ist jedoch nur sinnvoll, wenn diese einfach aufgebaut sind, so daß sie wenig zusätzliche Fläche und Verlustleistung beanspruchen und somit die Zuverlässigkeit des Bau-steins nicht übermäßig beeinträchtigen. Zur Testdatengenerierung und zur Kompression der großen Zahl von Testantworten eignen sich daher besonders rückgekoppelte Schieberegister, die mit relativ geringem Aufwand aus vorhandenen Registern durch Funktionskonvertierung erzeugt werden können. Bild 2 zeigt die Schaltung eines BILBO (Built-In Logic Block Observer), der abhängig von den Steuerleitungen ST1 und ST2 als normales Register, Testmustergenerator, Signaturregister oder als Teil eines Prüfbusses arbeitet.

Zur Datenkompression eignet sich besonders ein Signaturregister mit parallelen Eingängen (ST1=0, ST2=1). Hierbei wird in jeder Stufe die Testantwort mit dem nur um eine Stelle verschobenen Inhalt des Registers linear verknüpft. Durch die linearen Rückkopplungen werden aufgetretene Fehler über den gesamten Registerinhalt verteilt, so daß eine Auslöschung durch weitere Fehler unwahrscheinlich ist. Am Ende eines fehlerfrei gelaufenen Tests enthält dann das Register eine charakteristische Signatur.

Legt man die Eingänge des Signaturregisters auf konstante Werte (ST1=ST2=0), so wird eine definierte Sequenz von Pseudo-Zufallsmustern erzeugt. Man erhält somit einen einfachen TMG. Bei richtiger Wahl der Rückkopplungen werden alle möglichen Bitkombinationen durchlaufen. Verwendet man diese Muster zur Prüfung kombinatorischer Netzwerke, so werden diese erschöpfend getestet. Ein Fehlermodell und eine Fehlersimulation zur Ermittlung der Testqualität erübrigen sich deshalb. Allerdings ist dies nur für Schaltungsteile mit verhältnismäßig wenigen Eingängen möglich, da sonst die Testdauer zu lang und die Berechnung der Soll-Signatur zu aufwendig werden.

Außerdem muß darauf geachtet werden, daß keine Bitkombinationen verwendet werden, die zu undefinierten Ausgängen oder Kurzschlüssen in dem zu prüfenden Schaltungsteil führen. Dies könnte vor allem bei Steuersignalen der Fall sein, so daß diese nur in Einzelfällen durch rückgekoppelte Schieberegister erzeugt werden können.

Durch die Umschaltung in den Prüfbus-Modus können die Schaltung initialisiert oder die Testergebnisse zur externen Auswertung herausgeschoben werden. Außerdem können auf diese Weise einzelne Testschritte durchgeführt werden, so daß eine Fehleranalyse möglich ist.

3 Anwendung des Hardware-Selbsttests bei einem 32-bit-Rechenwerk

Das Verfahren wurde bei einem 32-bit-Rechenwerk (Bild 3) angewendet /2/. Es besteht aus einer Verknüpfungseinheit (ALU) mit Hilfs- und

Schieberegistern, einem Block von 32 Registern (RAM), die über 2 Ports auf beide Busse A und B ausgelesen werden können, und einem Festwertspeicher (ROM) zur Befehlsdekodierung.

Für den Selbsttest dieser Schaltung ergibt sich eine natürliche Aufteilung entsprechend der Hauptblöcke ALU, RAM und ROM.

3.1 Prüfung der ALU und Hilfsregister

Für den ALU-Test können die Operanden A und B mit geringem zusätzlichen Aufwand im FA- und TEMP-Register generiert werden, da diese bereits über eine Schiebefunktion verfügen. Es müssen also nur noch die Rückkopplungen ergänzt werden. Die Daten werden dann über den A- und B-Bus auf die ALU-Eingänge geführt, so daß die Funktion der Busse mitgeprüft wird. Die ALU-Operationen können ebenfalls durch einen TMG erzeugt werden, den man durch Modifikation des MUL/DIV-Schaltwerkes erhält. Aus den Testantworten wird je eine Signatur im FB- und Statusregister gebildet.

Bei der 32-bit-ALU mit 64 Dateneingängen und 7 Steuerleitungen ist jedoch ein vollständiger Selbsttest mit Pseudo-Zufallsmustern nicht möglich. Auf Grund der großen Anzahl von möglichen Fehlern ist auch eine Fehlersimulation für die gesamte ALU zur Überprüfung der Testqualität zu aufwendig. Der regelmäßige Aufbau aus Bit-Slices, von denen je 4 mit "Carry-Bypass-Schaltungen" zu einer Gruppe zusammengefaßt sind, erlaubt es jedoch, die Fehlersimulation nur für 2 nebeneinanderliegende Gruppen durchzuführen. Das Ergebnis kann dann auf die gesamte ALU übertragen werden, da die Testmuster im Verlauf des Tests an allen Dateneingängen vorbeigeschoben werden.

Bild 4 zeigt das Ergebnis der Fehlersimulation für eine 8-bit-ALU. Bereits nach 40 Zyklen wird die maximale Fehlererkennung in der ALU erreicht. Einige Funktionen der Register, die hierbei noch nicht ausgeführt wurden, müssen jedoch in zusätzlichen Zyklen überprüft werden, so daß schließlich 92% der möglichen "Stuck-at"-Fehler erkannt werden. Die restlichen Fehler sind zum großen Teil auf Grund von Redundanzen der Schaltung nicht erkennbar.

3.2 Speichertests

Für den vollständigen Selbsttest des ROM genügt es, jedes Wort einmal auszulesen und die Signatur zu bilden /3/. Hierfür wird das

Adreßregister in einen Zähler umgeschaltet. Das ROM-Ausgangsregister dient als Signaturregister. Durch geeignete Programmierung des letzten Wortes kann erreicht werden, daß bei Testende alle Stellen des Signaturregisters "0" sind, wenn keine Fehler aufgetreten sind. Diese Signatur ist besonders einfach durch ein NOR-Gatter abzufragen.

Beim Registerblock muß überprüft werden, ob alle Speicherplätze 0 und 1 speichern können, ob der Dekodierer richtig arbeitet und die Schreib-Lese-Schaltungen funktionieren. Deshalb werden bereits während des ALU-Tests alle Register mit verschiedenen Worten beschrieben. Anschließend wird jedes Wort gleichzeitig über den A- und B-Bus ausgelesen, werden die Daten in der ALU mit NOR verknüpft und wird das Ergebnis in dasselbe Register zurückgeschrieben.

Nach zweimaligem Durchlauf stehen dann die ursprünglichen Daten wieder im RAM. Während dieses Vorgangs wird im FB-Register wieder die Signatur gebildet. Da die NOR-Operation einen Teil der Fehler maskiert, ist eine Wiederholung der Sequenz mit NAND-Verknüpfung erforderlich. Somit können alle permanenten Fehler in den Speichern erkannt werden. Beim parallelen Auslesen der Register wird auch der kritische Betriebsfall erfaßt, in dem 2 Bitleitungen gleichzeitig mit der Speicherzelle verbunden werden und deshalb die Gefahr des Informationsverlustes am größten ist.

3.3 Generierung der Steuersignale

Ein Teil der Steuersignale kann durch rückgekoppelte Schieberegister erzeugt werden. Die Steuerleitungen, die den Datenfluß regeln oder die Umschaltung der Register in TMG oder TDA bewirken, müssen jedoch definiert gesetzt werden.

Legt man diese Informationen in zusätzlichen Worten im ROM ab, so läßt sich außerdem eine einfache Testablaufsteuerung realisieren. Nach dem ROM-Test wird das als Zähler geschaltete ROM-Adreßregister auf die Anfangsadresse der zusätzlichen Testbefehle gesetzt und nach jeder Sequenz inkrementiert. Jedes Wort wird um 3 Bits für die Steuerung der Testhilfen erweitert, so daß diese gleichzeitig in den gewünschten Zustand gesetzt werden. Die Zählimpulse werden alle 32 Zyklen von dem als Pseudo-Zufallsgenerator arbeitenden RAM-Adreßregister generiert.

4 Ergebnisse

Die Realisierung des Hardware-Selbsttests an der ALU des 32-bit-Rechenwerkes ergab ca. 10% mehr Flächenbedarf. Für die Ausbeute und Zuverlässigkeit entscheidender ist jedoch die Erhöhung der Transistorzahl um ca. 5%. Bild 5 zeigt einen Übersichtsplan des Rechenwerkes mit der Anordnung der Testeinrichtungen. Simulationen lassen nur eine geringfügige Verschlechterung der Geschwindigkeit um ca. 3% erwarten, da keine zusätzlichen Gatter in kritischen Signalpfaden liegen.

Die Steuerung des Testablaufes kann weitgehend in bereits vorhandenen Strukturen implementiert werden, so daß kein wesentlich höherer Entwicklungsaufwand entsteht.

Das Verfahren kann nicht nur auf Mikroprozessoren, sondern auch auf Module ohne Ablaufsteuerung, z.B. PLA, angewendet werden /4/. Wenn eine Bibliothek solcher Module existiert, können diese zu neuen Systemen zusammengefügt werden, ohne daß man sich um deren internen Test kümmern muß. Das Zusammenwirken der Module und die Funktionsfähigkeit der Kommunikation über Bausteingrenzen hinweg können dann durch einen kurzen Gesamttest überprüft werden.

5 Literatur

1. Könemann, B; Mucha, J.; Zwiehoff, G.: Built-in test for complex digital integrated circuits, IEEE Journal of Solid-State Circuits, SC-15, pp. 315-319 (1980)
2. Pomper, M.; Beifuß, W.; Horninger, K.; Schwabe, U.: A 32-bit execution unit in advanced NMOS technology, ESSCIRC 1981, Digest of Technical Papers, pp. 50-53 (1981)
3. Theus, U.: A self-testing ROM device, ISSCC 1981, Digest of Technical Papers, pp. 176-177 (1981)
4. Grassl, G.; Pfleiderer, H.J.: A self-testing PLA. ISSCC 1982, Digest of Technical Papers, pp. 60-61 (1982)

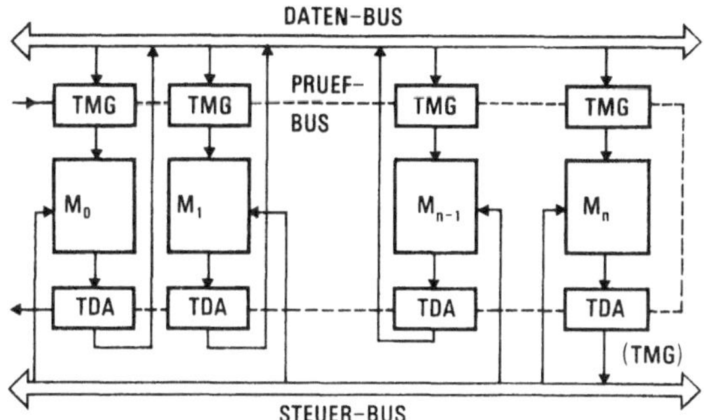

Bild 1. Prinzip der Schaltungspartitionierung beim Hardware-Selbsttest. Jeder Modul (M_0-...M_n) wird mit Testmustergenerator (TMG) und Testdatenauswerter (TDA) ausgestattet, die zu einem Prüfbus miteinander verbunden werden können.

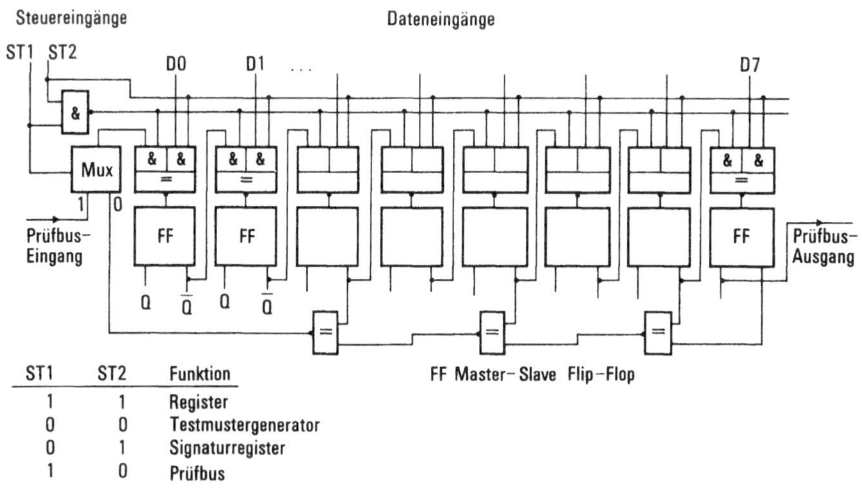

ST1	ST2	Funktion
1	1	Register
0	0	Testmustergenerator
0	1	Signaturregister
1	0	Prüfbus

Bild 2. BILBO: Built-In Logic Block Observer

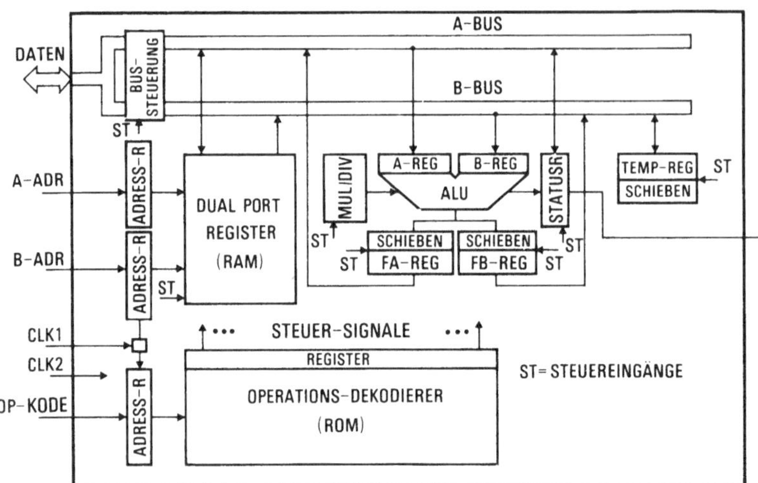

Bild 3.
Blockdiagramm
des Rechenwerkes

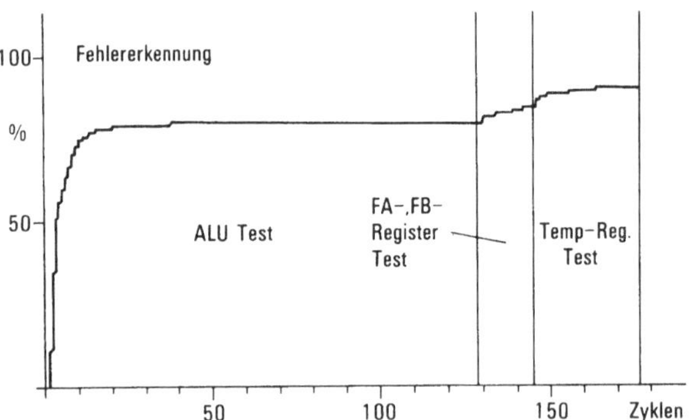

Bild 4. Fehlererkennung in
der 8-bit-ALU und den Hilfs-
registern bei Berücksichtigung
aller Stuck-At-0/1-Fehler

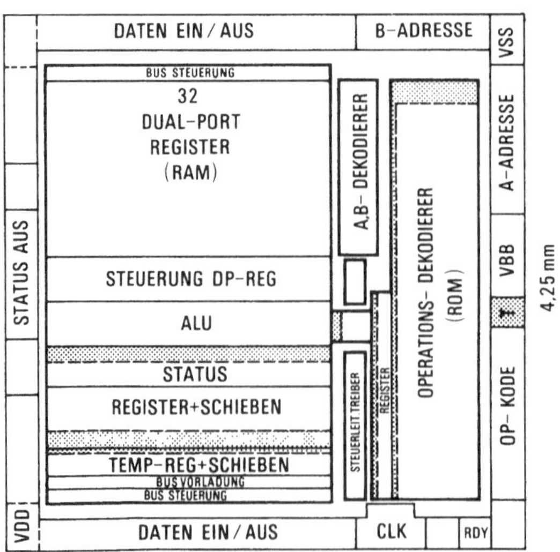

Bild 5. Flächenaufteilung des
Rechenwerkes mit Selbsttest-
einrichtungen (punktierte Flächen)

Chip-Überprüfung mit der Elektronensonde

Fred Fox, Normen Lieske, Klaus Müller-Glaser und Eckhard Wolfgang

0 Einleitung

Die Funktionsprüfung der ersten Muster von neu entwickelten integrierten Schaltungen wird in der Regel zunächst mit Hilfe eines
Labormeßplatzes durchgeführt. Dazu werden Mikrospitzen verwendet,
die mittels eines Manipulators bewegt und mit Hilfe eines Lichtmikroskopes positioniert werden. Sind die wichtigsten Funktionen
und die kritischen Pfade überprüft, folgt die vollständige Funktionsprüfung am Prüfautomaten, mit dem ein Teil der Designfehler und
-schwächen erkannt werden kann. Um die restlichen Fehler und Schwächen zu identifizieren und zu lokalisieren, sind weitere Messungen
im Inneren der Schaltungen erforderlich.

Die Praxis hat gezeigt, daß für solche Messungen mechanische Mikrospitzen immer ungünstiger werden, da Leitbahnbreiten und kapazitive
Belastbarkeit der Schaltungsknoten mit zunehmender Integration abnehmen. Dies veranschaulicht Bild 1, wo in einer Fotomontage eine
Mikrospitze einer 3 µm breiten Aluminiumleitbahn gegenübergestellt
ist. Da Radius und Kapazität der Mikrospitze nicht mehr wesentlich
verringert werden können, wurde bereits Ende der 60er Jahre mit
der Entwicklung einer alternativen Meßtechnik begonnen, bei der
an Stelle der Mikrospitze ein fein fokussierter Elektronenstrahl
verwendet wird /1/. Beim heutigen Stand dieser Elekronenstrahl
Meßtechnik stehen für die interne Prüfung integrierter Schaltungen
Methoden zur Verfügung, die mit denen der Samplingoszillographie
und der Logikanalyse vergleichbar sind /2-7/. Sie nutzen die Vorteile der belastungs- und zerstörungsfreien Elektronensonde, die
zudem einfach zu positionieren und gut zu fokussieren ist.

In dieser Arbeit wird an einem praktischen Beispiel die Chip-Überprüfung mit der Elektronensonde demonstriert. Dazu wird im Abschnitt
1 der untersuchte VLSI-Baustein, ein experimenteller Prozessor für
die Datenfernverarbeitung, kurz dargestellt. Im Abschnitt 2 wird
der experimentelle Aufwand und im Abschnitt 3 werden die Ergebnisse
der Untersuchung an Hand von drei Beispielen - der Logikprüfung

am internen Datenbus, der Verifizierung einer Logikzelle und einer Fehleranalyse - beschrieben. Schließlich wird im 4. Abschnitt eine neue Vorgehensweise zur Chip-Überprüfung von VLSI-Schaltungen vorgeschlagen, mit der es möglich sein wird, die Entwicklungszeiten zu reduzieren.

1 Untersuchte VLSI-Schaltung

Aus einer Vielzahl von bisher untersuchten integrierten Schaltungen wurde ein experimenteller VLSI-Prozessor ausgewählt, der für die Datenfernverarbeitung entwickelt worden war. Er ist aus folgenden Gründen für die Demonstration des Verfahrens gut geeignet:

- Der Baustein ist hierarchisch aufgebaut, mit insgesamt 407 Zellen aus einer Zellenbibliothek, die gegenwärtig 56 Funktionen umfaßt. Die meisten Zellen sind logisch äquivalent zu Standard-TTL-MSI-Funktionen wie Gatter, Multiplexer, Paritätsgenerator, Flipflops, Latches, Register und Zähler. Hinzu kommen LSI-Äquivalente wie PLA, statisches RAM, 8-bit-RALU-Slice, 8-bit-Sequencer-Slice sowie verschiedene MOS/TTL Schnittstellentreiber.

  Die Chip-Überprüfung beginnt bei solchen Bausteinen mit der Verifizierung der einzelnen Zellen, die in diesem Falle auf vier Testbausteinen verteilt wurden.

- Der VLSI-Baustein besitzt folgende Leistungsdaten:

Gesamtzahl der Transistoren	68 300
davon Logik	23 300
in Standardzellen	11 900
Regularität gesamt	34,13
Chipfläche	79 mm^2
Technologie	3-µm-NMOS
Externe Anschlüsse	132
Taktfrequenz	5 MHz
Verarbeitungsbreite	24 bit
Verlustleistung	3,5 W

Bild 2 zeigt eine lichtmikroskopische Aufnahme des experimentellen VLSI-Prozessors, von dem nähere Einzelheiten in /8/ angegeben sind.

Aus den Leistungsdaten sind bereits einige der Probleme zu erkennen, die bei der Prüfung auftreten. Abgesehen von der großen Zahl von internen Knoten sind das die hohe Verlustleistung von 3,5 W und die große Zahl von 132 externen Anschlüssen.

2 Meßaufbau

Die Messungen mit der Elektronensonde erfolgten in einem Elektronen-strahl-Meßgerät (EMG), welches auf einem modifizierten Raster-Elek-tronenmikroskop basiert. Es ist mit einem Strahltastsystem und mit einer Probenkammer zur Aufnahme sowohl von Bausteinen als auch von kompletten 3"-Scheiben versehen. 64 Koaxial-Durchführungen erlauben es, Versorgungsspannungen und Steuersignale für die zu untersuchen-den Bausteine in die Probenkammer zu leiten /9/. Als Signalquelle für die Prüfmustererzeugung wurden Wortgeneratoren verwendet. Der Ablauf der Vorgänge wurde mit einem Logikanalysator überwacht.

Zur Untersuchung im EMG wurde der Baustein auf einen 132-poligen, mehrlagigen Epoxy-Chipträger aufgebaut, der für diesen Zweck spe-ziell entwickelt wurde (Bild 3). Dieser Chipträger wird in einem Nadeladapter gehalten und kann sowohl im EMG als auch im Prüfauto-maten verwendet werden, d.h., derselbe Baustein kann ohne mechani-schen Umbau in beiden Geräten untersucht werden. Die Wärmeabfuhr (Verlustleistung 3,5 W) erfolgte mit Hilfe einer Peltierkühlung. Damit war es möglich, eine Bausteintemperatur im Bereich von 0°C bis 120°C einzustellen.

3 Ergebnisse

Bei der Chip-Überprüfung von VLSI-Schaltungen fallen eine Vielzahl von Ergebnissen an. Dies gilt insbesondere für den experimentellen VLSI-Prozessor, da hier vor der Prüfung des eigentlichen Prozessors auch die Testbausteine intensiv zu untersuchen waren. Die drei fol-genden Beispiele wurden gewählt, da sie als typisch für alle VLSI-Schaltungen gelten können.

3.1 Logiküberprüfung

Der erste Schritt einer Untersuchung betrifft stets die Prüfung der Grundfunktionen, wie Versorgungsspannungen, Takte und Steuersignale. Im nächsten Schritt wird der Datenfluß überprüft. Bei VLSI-Prozessoren, die meist eine große Verarbeitungsbreite besitzen, eignet sich als Untersuchungsmethode besonders gut das Logikbild /6, 7/, in welchem zusätzlich zur Topographie noch die Information über den zeitlichen Verlauf der Potentialänderungen enthalten ist.

Bild 4 zeigt ein solches Logikbild, in dem links zwei Anschlußflecken und rechts die 24 Leitungen des internen Datenbusses zu sehen sind. Von den linken 8 Leitungen des Datenbusses liegen sieben fest auf logisch "0" (im Bild hell), die am linken Rande liegende Leitbahn zeigt kurze Pulse (dunkle Streifen). Die mittleren 8 Leitbahnen zeigen meherere dunkle "Balken", die sich alle 1 μs wiederholen und der logischen "1" entsprechen. Die im Bild ganz rechts liegenden 8 Leitbahnen sind stets auf einen Zustand festgeklemmt und zwar 3 auf "1" und 5 auf "0".

3.2 Verifizierung einer Logikzelle

Am Beispiel einer einfachen Zelle, eines Zweifach-NAND-Gatters, wird im folgenden die Verifizierung von Logikzellen gezeigt. Dabei wird folgendermaßen vorgegangen: Die Signalverläufe der Zellen auf dem Testbaustein werden gemessen und mit den simulierten Werten verglichen. Damit werden die in die Simulation eingehenden Daten, wie Netzwerkanalysemodell, Transistormodell und insbesondere die Transistorparameter überprüft. Dann kann mit der so verifizierten Simulation die Zelle in der jeweils aktuellen Umgebungskonfiguration der VLSI-Schaltung simuliert werden.

Im vorliegenden Fall handelt es sich um Gatterzellen mit Laufzeiten von etwa 5 ns, welche mit Signalen von S = 1 V/ns Flankensteilheit und H = 4 V Hub angesteuert wurden. Zwischen den gemessenen Laufzeiten und den mit den obigen Werten für S und H simulierten Laufzeiten ergaben sich zunächst starke Unterschiede. Ursache war eine interne Verschlechterung der externen Ansteuersignale aufgrund von Verdrahtungsproblemen. Dies zeigen die folgenden Meßwerte.

<pre>
    Testbausteineingang   S =   1 V/ns, H = 4 V
    Zelleneingang   S = 0,2 V/ns, H = 3 - 3,5 V
</pre>

Eine zweite Simulation auf der Grundlage der gemessenen Zelleneingangssignale führte zu guter Übereinstimmung bezüglich der Ausgangssignale.

Bild 5 zeigt für ein Zweifach-NAND-Gatter die mit der Elektronensonde gemessenen Signalverläufe, die Simulation 1 mit S = 1 V/ns und H = 4 V sowie die Simulation 2 mit dem gemessenen Zelleneingangssignal. Die Laufzeiten t_F wurden definitionsgemäß bei einer Spannung von 1,8 V bestimmt. Sie betragen für den Fall eines HI-LO-Überganges:

Elektronensonde:	t_{PHL} = 6,5 ns
Simulation 1:	t_{PHL} = 8,7 ns
Simulation 2:	t_{PHL} = 6,3 ns

3.3 Fehleranalyse

Mit der Elektronensonde wurden auf den Wortleitungen des im Sequenzer befindlichen Stapelspeichers beim Lesevorgang Spannungsspitzen entdeckt, die am Prüfautomaten nicht gefunden werden konnten. Bild 6a zeigt das Prinzipschaltbild des betoffenen Schaltungsteils sowie das Impulsdiagramm: Die Wortleitungen des Stapelspeichers werden nacheinander in der Reihenfolge W_3, W_2, W_1, W_0 durch den Dekoder angesprochen (auf logisch "1" gelegt). Der Wechsel erfolgt jeweils durch die ansteigende Flanke des Taktsignals CL. Ist W_n logisch "1", so werden die 8 Bits File 0 bis File 7 von W_n ausgelesen. Um ein Überlappen des Zustandes "1" zwischen den Wortleitungen zu vermeiden, werden durch einen etwa 10 ns langen taktsynchronen Puls CM kurzzeitig alle Wortleitungen auf "0" gezogen.

Bild 6b zeigt die mit der Elektronenstrahl-Messung ermittelten internen Signalverläufe. Auf den Wortleitungen W_3 und W_1 sind im Null-Zustand Spannungsspitzen zu sehen, deren Amplitude mit etwa 1 V im Bereich der Transistor-Einsatzspannung liegt. Die Wirkung dieser Spitzen ist deshalb auch deutlich in der Anstiegsflanke der ausgelesenen Signale File 0 der Worte W_1 und W_3 zu sehen.

Bei nominalen Werten von Versorgungsspannung, Taktfrequenz und Umgebungstemperatur führte dieser Effekt nicht zu logischen Fehlern und wurde deshalb im Prüfautomaten nicht erkannt. Gleichwohl handelt es sich um eine Designschwäche, die bei kritischen Bedingungen zu Funktionsausfällen führen kann.

Signalverlaufsmessungen mit höherer Zeitauflösung $t < 1$ ns führten zur Aufklärung der Fehlerursache (Bild 6c). Der Impuls CM war im Verhältnis zur CL-Anstiegszeit zu kurz, so daß das "Herunterziehen" der Wortleitungen auf "0" vor dem Wechsel am Dekoderausgang beendet war. Der Fehler konnte durch Verlängern des CM-Impulses in einem Redesign einfach behoben werden.

4 Schlußfolgerungen

Nach unseren Erfahrungen, die wir mit Messungen mit der Elektronensonde sowohl am experimentellen VLSI-Prozessor als auch an anderen VLSI-Schaltungen gewonnen haben, erscheint für die Chip-Überprüfung eine neue Vorgehensweise zweckmäßig. Es wird dabei unterschieden zwischen der Überprüfung erster Muster (Bild 7a) und der Überprüfung nach dem Redesign (Bild 7b).

Die Überprüfung erster Muster beginnt anstatt bisher mit dem Prüfautomaten mit dem EMG, wobei Signale von den Eingängen in das Innere der Schaltung verfolgt werden. Dies kann in einem Fertigungsstadium erfolgen, wo sich die Chips noch auf der Scheibe befinden /9/. Nach der Prüfung der grundlegenden Funktionen mit dem EMG erfolgt die vollständige Funktionsprüfung mit dem Prüfautomaten. Treten dort nicht identifizierbare Fehler auf, so erfolgt eine weitere Analyse mit dem EMG. Durch derart wiederholt abwechselnden Einsatz von EMG und Prüfautomaten werden im allgemeinen alle wesentlichen Fehler erkannt sein, so daß nach dem Redesign eine Schaltung zur Verfügung steht, die im Prüfautomaten charakterisiert werden kann (Bild 7b). Nach einer Prüfung der Funktionen innerhalb gewisser Arbeitsbereiche erfolgt dann die Feindiagnose im EMG, wobei wiederum - wenn nötig - Prüfautomat und EMG mehrmals abwechselnd einzusetzen sind.

In VLSI-Schaltungen werden auch bei intensivem Einsatz von CAD-Werkzeugen, die übrigens auch im hier beschriebenen Beispiel angewendet wurden, Fehler wohl nie ganz vermieden werden können. Daher ist in den meisten Fällen mindestens ein Redesign erforderlich. Für dessen Erfolg ist eine Fehlerdiagnose mit wohlüberlegter Strategie Voraussetzung. Die Elektronenstrahl-Meßtechnik mit ihren verschiedenen Möglichkeiten, insbesondere für die Beobachtbarkeit der VLSI-Schaltungen, ist hierfür ein leistungsfähiges Werkzeug. Es trägt dazu bei, die Entwicklungszeit der Schaltungen zu verkürzen.

5 Zusammenfassung

Am Beispiel eines experimentellen VLSI-Prozessors für die Datenfernverarbeitung wird die Chip-Überprüfung mit der Elektronensonde demonstriert. Mit Hilfe von Logikbildern, welche z.B. den Datenfluß über größere Schaltungsbereiche hinweg zeigen, werden erste Muster der Schaltung untersucht. Messungen von Signalverläufen an einzelnen Knoten werden herangezogen, um Simulationsrechnungen zu überprüfen und um Designschwächen aufzufinden. Die internen Untersuchungen mit der Elektronensonde ermöglichen eine gute Beobachtbarkeit der VLSI-Schaltungen und verhelfen damit zu kürzeren Entwicklungszeiten.

6 Anerkennung

Die Autoren danken Hrn. H. Schulte für die Herstellung der integrierten Schaltungen, Frau J. Erler für das Bonden der Chips, den Herren W. Argyo, Dr. A. Papp und O. Dörtok für ihre Hilfe bei der Präparation, Herrn P. Baierl für die Durchführung der Simulationsrechnungen und den Herren Dr. T. Canzler und W. Jörger für die Unterstützung bei Fragen des Layouts und der Architektur.

7 Literatur

1. Plows, G.S.; Nixon, W.C.: Stroboscopic scanning electron microscopy. J. Phys. E: Scient. Instr. 11 (1968), pp. 595-600

2. Feuerbaum, H.P.: VLSI testing using the electron probe. Scanning Electron Microscopy / 1979 / I, SEM Inc., AMF O'Hare, IL 60 666, pp. 285-294

3. Wolfgang, E.; Lindner, R.; Fazekas, P.; Feuerbaum, H.P.: Electron-beam testing of VLSI circuits. IEEE J. Solid- State Circuits, SC-14 (1979), pp. 471-481

4. Menzel. E.; Kubalek.: Fundamentals of electron beam testing of integrated circuits. Scanning (1982), will be published

5. Feuerbaum, H.P.: Electron-beam testing: methods and applications. Scanning (1982), will be published

6. Crichton, G.; Fazekas, P.; Wolfgang, E.: Electron beam testing of microprocessors. Digest of papers, IEEE Test Conference (1980), pp. 444-449

7. Crichton, G.; Fazekas, P.; Otto, J.; Wolfgang, E.: Interne Prüfung von Mikroprozessoren mit der Elektronensonde. NTG-Fachberichte, Band 77 (1981), pp. 99-102

8. Mueller-Glaser, K.D.; Canzler, T.; Kling, K.; Schulte, H.: A
   24-bit microprocessor for data communication systems designed
   on the base of a general cell library. Digest of Technical Papers,
   ESSCIRC'82 (1982), will be published

9. Fazekas, P. et al.: On-wafer defect classification of LSI-cir-
   cuits using a modified SEM. Scanning Electron Microscopy (1978)
   I, SEM Inc., AMF O'Hare, IL 60 666, pp. 801-806

Bild 2. Lichtmikroskopische Aufnahme eines experimentellen
        Prozessors für die Datenfernverarbeitung.
        Die dunklen Felder in der Bildmitte entsprechen dem
        statischen RAM, rechts davon befinden sich die drei
        8-bit-ALUs und in der linken unteren Ecke die beiden
        Sequenzer.

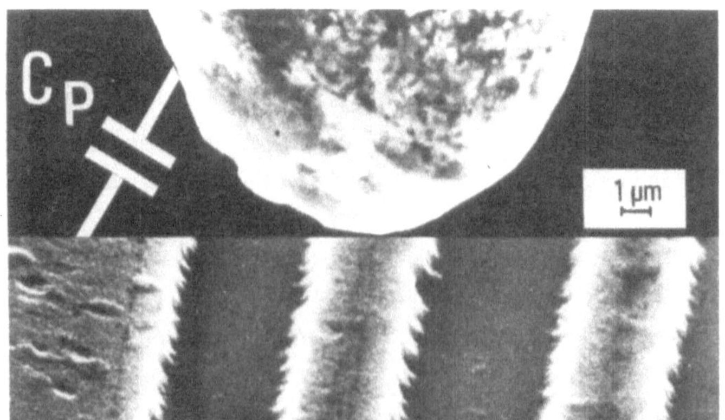

Bild 1. Mechanische Mikrospitze mit einem Radius von 2,5 µm
        verglichen mit einer 3 µm breiten Aluminiumleitbahn.
        Fotomontage zweier rasterelektronenmikroskopischer Aufnahmen.
        C_p ist die Kapazität der Mikrospitze gegenüber Masse.

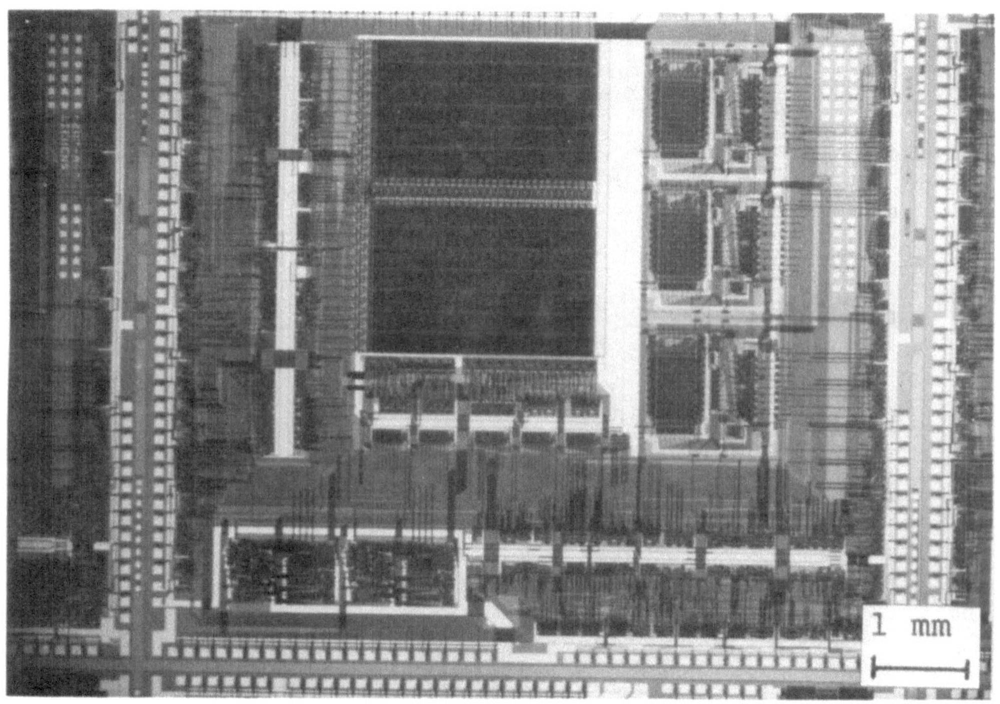

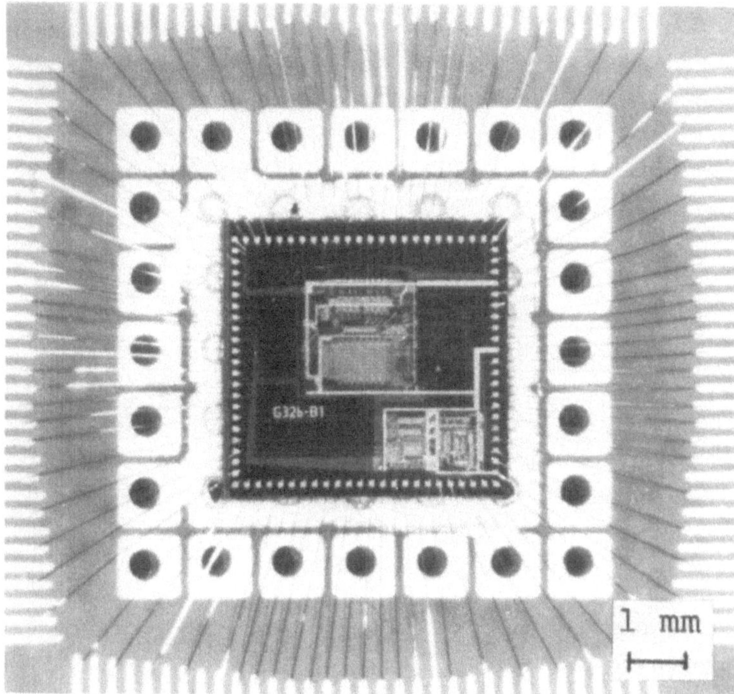

Bild 3. Lichtmikroskopische Aufnahme des speziell angefertigten
Chipträgers mit insgesamt 132 Anschlußmöglichkeiten

Bild 4. Rasterelektronenmikroskopisches Logikbild eines Teiles
des Prozessors mit zwei Anschlußflecken und einem Teil
des internen Datenbusses.
Die dunklen Balken stammen vom Potentialkontrast und
entsprechen der logischen Information "1".

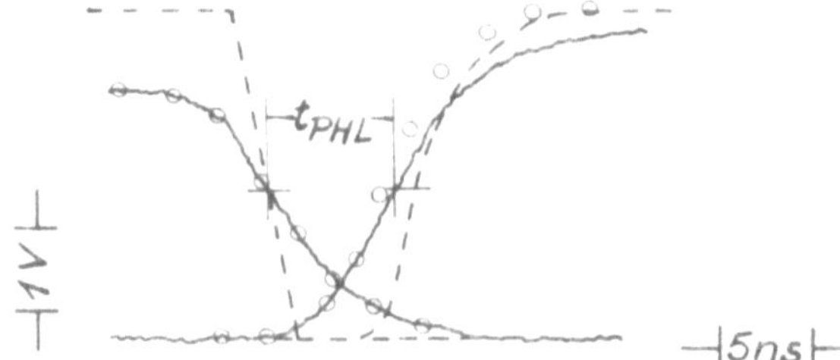

Bild 5. Vergleich von simulierten und gemessenen Signalverläufen
eines 2-fach-NAND-Gatters.
− − − Simulation mit S = 1V/ns, H = 4V
───── Messung mit der Elektronensonde
o o o Simulation mit gemessenem Zelleneingangssignal

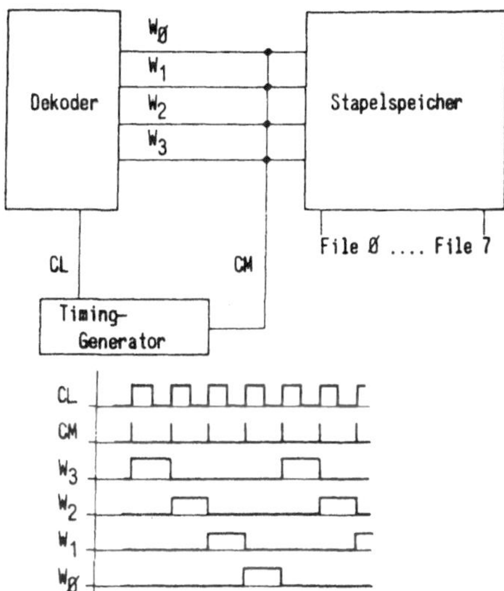

Bild 6a. Prinzipschaltbild eines Teiles des Sequenzers und das zugehörige Impulsdiagramm

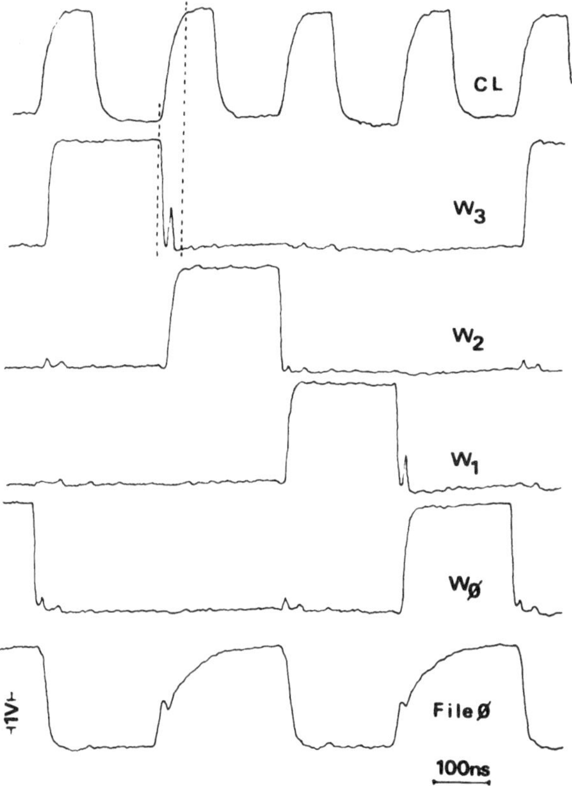

Bild 6b. Interne Signalverläufe am Stapelspeicher des Sequenzers

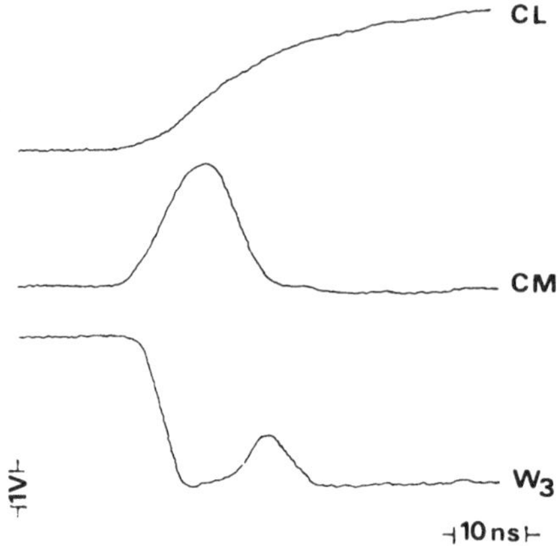

Bild 6c. Interne Signalverläufe am Stapelspeicher des Sequenzers
(markierter Bereich in Bild 6b), zeitlich gedehnt

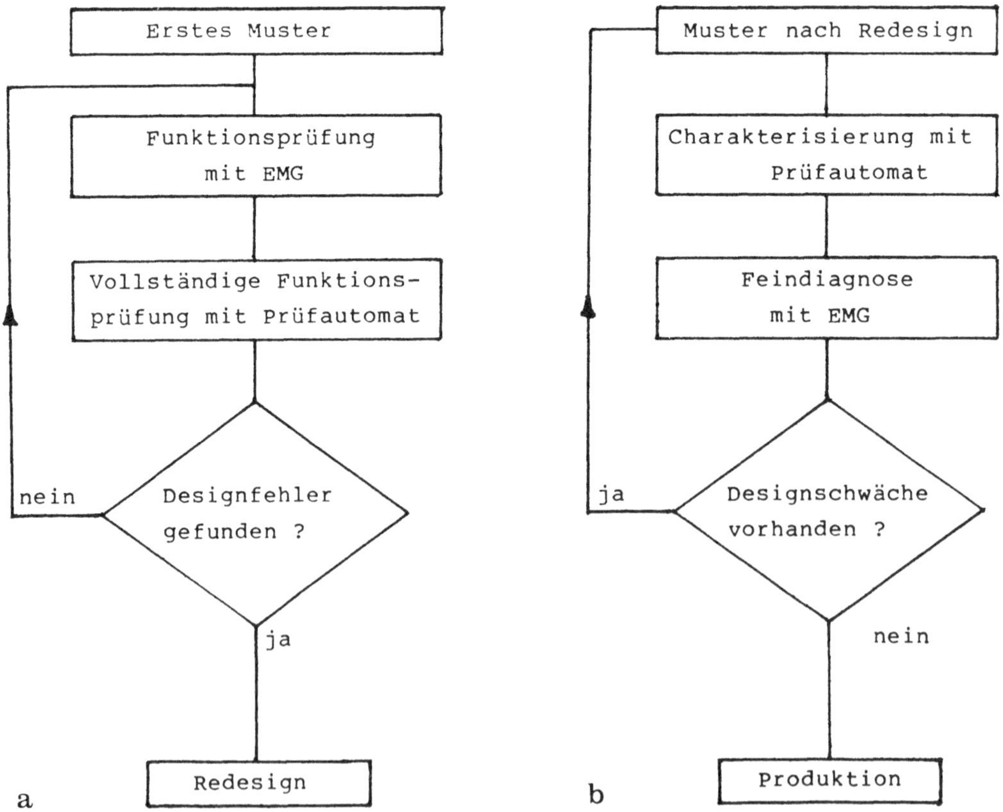

a   b

Bild 7. a) Ablauf der Funktionsprüfung von ersten Mustern
        b) Dynamische Prüfung und Charakterisierung von Mustern
           nach dem Redesign

Layoutentwurf und -verifizierung

Konrad Koller und Martin Nett

0 Einleitung

Der physikalische Entwurf (Layoutentwurf), der sich an die Sicherstellung eines korrekten Stromlaufplans durch Simulationsprogramme
anschließt, hat die Aufgabe, eine möglichst optimale Anordnung der
Funktionselemente zu finden und korrekte Verbindungen dieser Elemente untereinander herzustellen. Der letztere Vorgang wird in Anlehnung
an die herkömmliche Verbindungstechnik mit Drähten auch als "Verdrahtung" bezeichnet. Beide Vorgänge (Plazierung und Verdrahtung) zusammen nennt man "Entflechtung".

Die Plazierung ist umso besser, je genauer sie elektrische Nebenbe-
dingungen berücksichtigt und vor allem je geringer durch geschickte
Anordnung der Elemente der Platzbedarf für die anschließende Verdrahtung ist. Da der Platzbedarf der Funktionselemente selbst technologisch vorgegeben ist, wird durch die Güte der Anordnung über die benötigte Chipfläche die spätere Ausbeute bei der Chipfertigung stark
beeinflußt.

1 Rechnergestützter Layoutentwurf

Im Prinzip kann man sich beim rechnergestützten Layoutentwurf zwei
verschiedene Vorgehensweisen vorstellen: Bei der ersten ("Symboli-
sches Layout") bestimmt der Entwickler unter Benutzung einer symbolischen Darstellung der Funktionselemente die ungefähre Anordnung dieser Elemente zueinander und einen möglichen Verlauf der Verdrahtungslinien auf einem Bildschirm, dann tritt ein Rechenprogramm in Aktion
und komprimiert diese Anordnung bis auf die technologisch erlaubte
Packungsdichte. Beim zweiten Verfahren, das im folgenden ausführlicher behandelt wird, liefert das Rechenprogramm selbst eine Entflechtung, die vom Designer nur nachbearbeitet werden muß, wenn die Wegesuche nicht zu 100 Prozent erfolgreich war bzw. das Ergebnis aus
anderen Gründen den Ansprüchen des Designers nicht genügt.

1.1 Zellenkonzepte

Der rechnergestützte Entwurf des Layouts von integrierten Schaltungen erweist sich dann am erfolgreichsten, wenn die Schaltungen auf der Basis von Zellenkonzepten angelegt sind, d.h., die Topographie wird nicht aus (sehr zahlreichen) Transistoren, sondern auf der Grundlage von (viel weniger) Zellen entworfen. Unter Zellen versteht man Blöcke von sehr verschiedenem Funktionsumfang (z.B. Gatter, Zähler, Schieberegister, Umsetzer), die vorab separat entworfen und in einer Zellenbibliothek abgespeichert werden. Die Schaltungen werden damit wie aus einem Baukastensystem aufgebaut. Die Zellen können -jedenfalls innerhalb einer Schaltkreisfamilie- in der Regel mehrfach verwendet werden. Je nach dem Standardisierungsgrad dieser Zellen unterscheidet man die drei Konzepte Masterslice-, Standardzellen- und Allgemeine Zellenschaltungen.

1.1.1 Masterslice-Schaltungen

Beim Masterslice-Konzept benutzt man eine vorgegebene (und vorgefertigte) regelmäßige Anordnung (Master) von vielseitig individualisierbaren Grundbausteinen. Das Entflechtungsproblem reduziert sich auf die Aufgabe, die verlangten Funktionen an geeigneten Stellen durch Individualisierung der Zellen zu realisieren und anschließend gemäß dem Schaltplan miteinander zu verbinden. Bei diesem Konzept ist die für die gesamte Verdrahtung vorhandene Fläche fest vorgegeben. Einer im Hinblick auf kurze Leitungslängen optimalen Plazierung kommt daher große Bedeutung zu. Wir wissen aus Erfahrung, daß bei Masterslice-Schaltungen nur solche Ergebnisse der automatischen Entflechtung vom Designer nachgearbeitet, d.h. auf eine hundertprozentige Verdrahtung gebracht werden können, die höchstens 1% der Verdrahtung für den Bearbeiter übriglassen. Automatische Entflechtungen mit einer Verdrahtungsrate von z.B. 96% sind bei Masterslice-Schaltungen nicht akzeptabel. Aus dieser Erkenntnis heraus wurde unser Entflechtungsprogramm AULIS-M (Automatisches Layout für Integrierte Schaltungen (Masterslice)) in enger Zusammenarbeit mit den Designern des Masterbausteins entwickelt. Der Master (Anordnung der aktiven Gebilde auf dem Chip) muß so beschaffen sein, daß das Entflechtungsprogramm in der Regel ein Ergebnis von 99% schafft. Bild 1 zeigt das Ergebnis des Plazierungslaufs bei einer Schaltung aus 307 Zellen und 608 Netzen. Bild 2 gibt das Verdrahtungsergebnis wieder. Die verdrahtungsfreien Gebiete waren vorher für die Verdrahtung gesperrt worden. Die Rechenzeiten bei diesem Beispiel betrugen eine halbe Minute für die Plazierung und 29 Minuten für die Verdrahtung. Eine parallel durchgeführte personelle Entflechtung benötigte eine Woche für die Belegung und 7 Wochen für die Wegesuche. Bei schwierigen Schaltungen (hohe Anzahl von Verbindungen) kann es notwendig werden, nicht alle Funktionen auf dem Master zu nutzen, um die geforderte hohe Entflechtungsrate zu erreichen. Hierfür wurde ein statistisches Verfahren entwickelt, das von der Anzahl der geforderten Verbindungen bei vorgegebener Master-Ausnutzung auf die zu erwartende Entflechtungsrate schließt.

Das Masterslice-Verfahren hat ohne Zweifel eine eingeschränkte Flexibilität, besitzt aber den Vorteil kurzer Entwicklungszeiten. Für die Fertigung müssen für jede neue Schaltung nur noch die Verdrahtungsmasken hergestellt werden. Aus diesen Gründen ist dieses Verfahren von sehr großer Bedeutung für sogenannte kundenspezifische Schaltungen, die nur für ganz bestimmte Funktionen entwickelt und deshalb in nicht zu großen Stückzahlen gefertigt werden.

1.1.2 Standardzellen-Schaltungen

Mehr Freiheit beim Zellenentwurf als das Masterslice-Modell bietet das Standardzellen-Konzept. Hier wird davon ausgegangen, daß die Zellen (bei unterschiedlichen Breiten) gleiche Höhe haben und sich die Zellenanschlüsse entweder auf einer Seite der Zellen oder auf zwei einander gegenüberliegenden Seiten der Zellen befinden. Damit ist eine zeilenförmige doppel- bzw. einreihige Anordnung der Zellen möglich. Zwischen die Zellenzeilen werden die Verbindungen zwischen den Zellen mit zeilenparalleler Vorzugsrichtung gelegt und durch kurze Stichleitungen an die Zellen angeschlossen. Dieses Verdrahtungsschema ist sehr günstig für Technologien, in denen neben einer vollwertigen Verdrahtungsebene nur noch eine weitere Verdrahtungsebene mit hohem Bahnwiderstand zur Verfügung steht. Die längeren Leitungen in Zeilenrichtung werden in die metallisierte Ebene gelegt und die (kurzen) Stichleitungen in die zweite Ebene. Für Verbindungen zwischen verschiedenen Zellenzeilen müssen vom Programm senkrechte Verdrahtungskanäle geschaffen werden, in denen die Verbindungen (trotz horizontaler Vorzugsrichtung) möglichst in Metall ausgeführt werden. Um die Stromversorgung der Zellen braucht sich das Entflechtungsprogramm nur am Rand zu kümmern, da diese wegen der Reihungsfähigkeit der Zellen bereits in ihnen enthalten ist. Beim Standardzellen-Konzept kann im Gegensatz zum Masterslice-Konzept der für die Verdrahtung zur Verfügung stehende Raum vom Entflechtungsprogramm je nach Notwendigkeit eingestellt werden. Bei dem von uns entwickelten Entflechtungsprogramm AVESTA (Anordnung und Verdrahtung von Standardzellen) sind daher hundertprozentige Auflösungen die Regel. Insbesondere die Rechenzeiten für die Verdrahtung sind wesentlich kürzer als beim Masterslice-Verfahren, da aufgrund des einfachen Verdrahtungsmusters sehr effektive Wegesuchverfahren ("Channel-Router") eingesetzt werden können. Bild 3 zeigt das Ergebnis eines AVESTA-Laufs einer Schaltung mit 317 Zellen, 52 Pads und 356 Signalen. Die Rechenzeiten betrugen 220 Sekunden für die Plazierung und 116 Sekunden für die Verdrahtung.

1.1.3 Allgemeine Zellenschaltungen

Trotz der Vorteile beim Einsatz von Standardzellen muß festgestellt werden, daß hierbei wegen der gleichen Höhe aller Zellen dem Funktionsumfang der einzelnen Zellen und damit der zu realisierenden Schaltung Grenzen gesetzt sind. Wir haben deshalb in den letzten Jahren Rechenprogramme entwickelt, die eine freie Anordnung von (rechteckig begrenzten) Zellen ermöglichen. Die Zellen können dabei in ihrem Flächenbedarf sehr verschieden sein, ihre Seitenverhältnisse sind frei wählbar. Mit diesem Konzept hat der Entwickler also den größten Spielraum beim Entwurf der Zellen. Bild 4 zeigt ein Entflechtungsergebnis mit dem Programmsystem CALCOS (Computer Aided Layout of Cell Oriented Systems). Die Schaltung hat 24 Zellen, 10 Pads und 53 Signale. Die Rechenzeiten betrugen 9 Sekunden für die Plazierung und 110 Sekunden für die Wegesuche. Die Verdrahtung ist in zwei Ebenen angelegt, wobei gegebenenfalls eine Ebene priorisiert wird. Dies reicht für die Signalverdrahtung aus, löst aber nicht das Problem der Stromversorgung bei Allgemeinen Zellenschaltungen, wo die Versorgungsleitungen möglichst planar metallisch ausgeführt werden müssen. An der Lösung dieses Problems wird derzeit gearbeitet. Das System CALCOS stellt dem Benutzer auf jeden Fall die Möglichkeit zur Verfügung, auf einem interaktiv-graphischen Farbmonitor die Wegesuche zu verfolgen und sie erforderlichenfalls personell zu unterstützen. Es sind zum Beispiel Eingriffe in die Reihenfolge der Wegefindung und Angaben zu Umlenkpunkten der Wege möglich. Beim evtl. notwendig werdenden personellen Nachlegen von Wegen am Bildschirm läßt das System Verbindungen, die dem Stromlaufplan widersprechen, nicht zu. Die Mithilfe des Benutzers über das Graphik-Terminal ist auch bei der Plazierung gegeben. Der Anwender kann die Nachbarschaftsbeziehungen bereits plazierter Elemente ändern. Das CALCOS-System arrangiert - anders als bei passiven interaktiv-graphischen Entwurfsplätzen - wieder die Lage der Zellen nach optimalen Gesichtspunkten, jedoch unter Berücksichtigung des Benutzervorschlags.

Bei der Entflechtung bestimmt die Güte der Plazierung im wesentlichen die erfolgreiche Durchführung der nachfolgenden Verdrahtung. Dies ist aus dem Beispiel in Bild 5 sehr gut zu erkennen: Aus einer Reihe von Plazierungen, die mit einem Zufallsgenerator erzeugt wurden, ist (links) diejenige abgebildet, bei der die Gesamtverdrahtungslänge (als Luftlinien gemessen) einen mittleren Wert hatte. Dieser Plazierung ist auf der rechten Seite eine mit CALCOS erzeugte Plazierung gegenübergestellt. In beiden Fällen handelt es sich um die gleiche Schaltung. Es ist leicht zu erkennen, daß die Anordnung auf der rechten Seite erheblich weniger Leitungskreuzungen aufweist und die Gesamtverdrahtungslänge deutlich niedriger ist. Die Gesamtverdrahtungslängen verhalten sich wie 3:1. Das bedeutet, daß das CALCOS-Plazierungsergebnis leichter zu verdrahten ist und die integrierte Schaltung auf einer kleineren Fläche untergebracht werden kann.

2 Layoutverifizierung

Wenn ein Layout personell entworfen wurde oder in einem durch den Rechner erzeugten Layout personelle Eingriffe bzw. Nacharbeiten durchgeführt wurden, ist eine Verifizierung des Layouts notwendig.

2.1 Geometrische Layoutprüfung

Im einfachsten Fall wird im Layout die Einhaltung der aus technologischen Gegebenheiten abgeleiteten geometrischen Entwurfsregeln nachgeprüft. Unser Programmsystem AUTOPRÜF beinhaltet u.a. folgende Prüfmöglichkeiten (Bild 6): Mindeststrukturbreite innen und außen bei einer Figur, Mindestabstand, Mindestüberlappung, Innenlage bzw. Außenlage um ein bestimmtes Maß bei zwei bzw. (durch Kombination) mehreren Figuren. Die Figuren können bei der Prüfung auch verschiedenen Ebenen angehören. Eventuelle Verstöße gegen die Entwurfsregeln werden dem Benutzer alphanumerisch und/oder graphisch mitgeteilt.

Wegen der weiter zunehmenden Komplexität der integrierten Schaltungen werden in Entwicklung befindliche Verfahren berücksichtigen, daß wiederholt vorkommende Teilkomplexe des Layouts erkannt und somit nur einmal geometrisch geprüft werden müssen.

Die Art, wie das angestrebte physikalische Verhalten einer integrierten Schaltung in eine Maskengeometrie umgesetzt wird, bringt es mit sich, daß bei einer bloßen Anwendung der genannten geometrischen Entwurfskriterien eine Reihe von "Scheinfehlern" gemeldet wird, denn nicht jeder Verstoß gegen die gültigen Entwurfsregeln stellt einen Technologiefehler dar. Zum Beispiel können überlappende Gebilde trotz der Notwendigkeit, einen Mindestabstand zwischen den Figuren einzuhalten, eine technologisch sinnvolle Struktur ergeben. Hier ist es notwendig, vor der geometrischen Entwurfsprüfung eine Verschmelzung der überlappenden Figuren durchzuführen. Solche für eine sinnvolle Anwendung von AUTOPRÜF unbedingt vorher notwendige Strukturbehandlungen werden von unserem Programm AUTOBOOL durch Anwendung von Maskenoperationen (z.B. "oder", "und", "und nicht", Bild 7) ausgeführt.

2.2 Verbindungsmäßige und elektrische Layoutprüfung

Die geschilderten geometrischen Prüfungen können zwar Technologieverstöße aufdecken, reichen aber für die Sicherstellung der korrekten Funktion einer integrierten Schaltung nicht aus. Mindestens ebenso wichtig ist die Prüfung auf korrekte Verknüpfung der Funktionselemente und auf richtiges elektrisches Verhalten.

Bei Zellenschaltungen lassen sich die Verknüpfungen der Zellen durch unser Programm AUTOCOMP aus dem Layout gewinnen und auf ihre Übereinstimmung mit der Netzliste des Stromlaufplans vergleichen. Zusätzlich liefert das Programm Leitungslängen, Kapazitäten und Laufzeiten für eine genaue Logiksimulation. Dabei bilden die in den Programmen AUTOPRÜF und AUTOBOOL verwendeten Verfahren die Grundlage für eine Verfolgung der Stromlaufpfade im Layout.

Die Aufgabe der "Stromlaufplanrückgewinnung" wird durch das Vorhandensein von Zellen wesentlich erleichtert, da deren Existenz ein expliziter Bestandteil der Layoutdokumentation ist. Dagegen müssen bei einer Schaltung auf Transistorniveau -diese untere Hierarchiestufe hat man auch beim Zellenentwurf selbst- zuerst die Transistoren durch eine geometrische Analyse identifiziert werden, um dann daraus das Schaltbild ableiten zu können. Diese geometrische Analyse muß in höherem Maße als die Layoutverifizierung von Zellenschaltungen auch die zugrundeliegende Halbleitertechnologie berücksichtigen und setzt deren Beschreibung durch die Eingabe von benutzerdefinierten "Technologietafeln" voraus. Das von uns entwickelte Programm AUTOHEX ist ein Extraktor auf Transistorebene und liefert relevante Daten für das elektrische Verhalten der Schaltung (z.B. Anschlußfehler an Gate, Source, Drain) bzw. des Transistors (z.B. Kanaldimension, Kapazitäten). Diese Daten werden dann einem Simulator zugeleitet, der in der Form einer "Layoutsimulation" das elektrische Verhalten des Layouts nachbildet.

Nachdem die Transistoren erkannt sind, ist es auch möglich, die Verknüpfungsstruktur des Transistorlayouts abzuleiten, um damit eine Prüfung auf korrekte Zusammenschaltung der Funktionen durchzuführen. Bei digitalen Schaltungen ist es jedoch wegen der Äquivalenz von Gattereingängen nicht sinnvoll, den Soll-Ist-Vergleich auf Transistorebene durchzuführen. Auf der anderen Seite ist es nicht möglich, aus dem Transistorbild die vom Entwurfsingenieur im Soll-Stromlaufplan benutzten Logikfunktionen eindeutig herzuleiten. Man hilft sich so, daß ein Programm zur Erzeugung von "Pseudogattern" sowohl auf den Soll- als auch auf den Ist-Transistorstromlaufplan angewendet und danach ein Vergleich durchgeführt wird.

Die genannten Programmsysteme zur geometrischen, elektrischen und verbindungsmäßigen Layoutkontrolle sind eine unbedingt erforderliche Voraussetzung für die Entwicklung höchstintegrierter Schaltungen geworden.

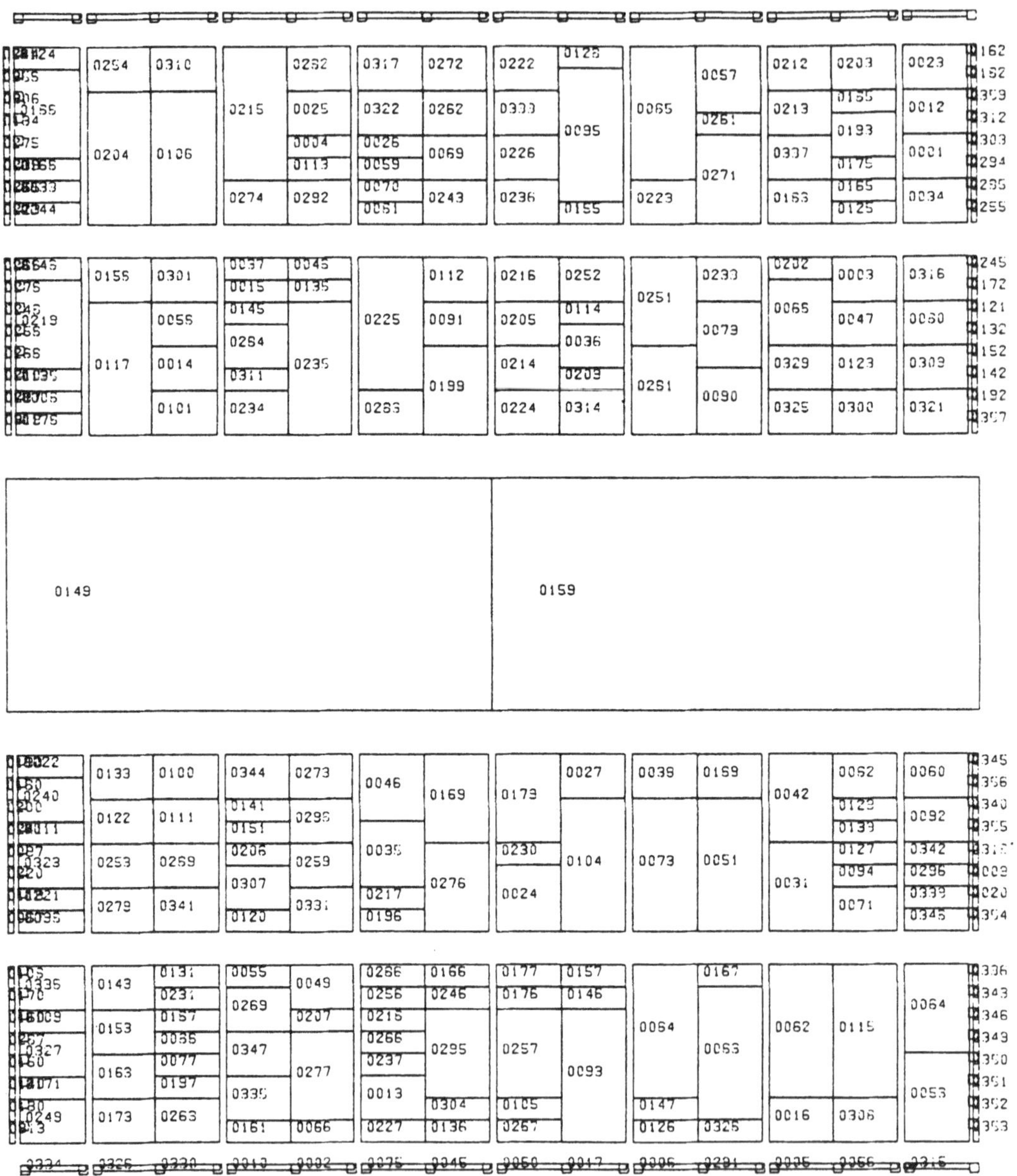

Bild 1. Ergebnis eines Plazierungslaufs durch AULIS-M,
307 Zellen, 608 Netze

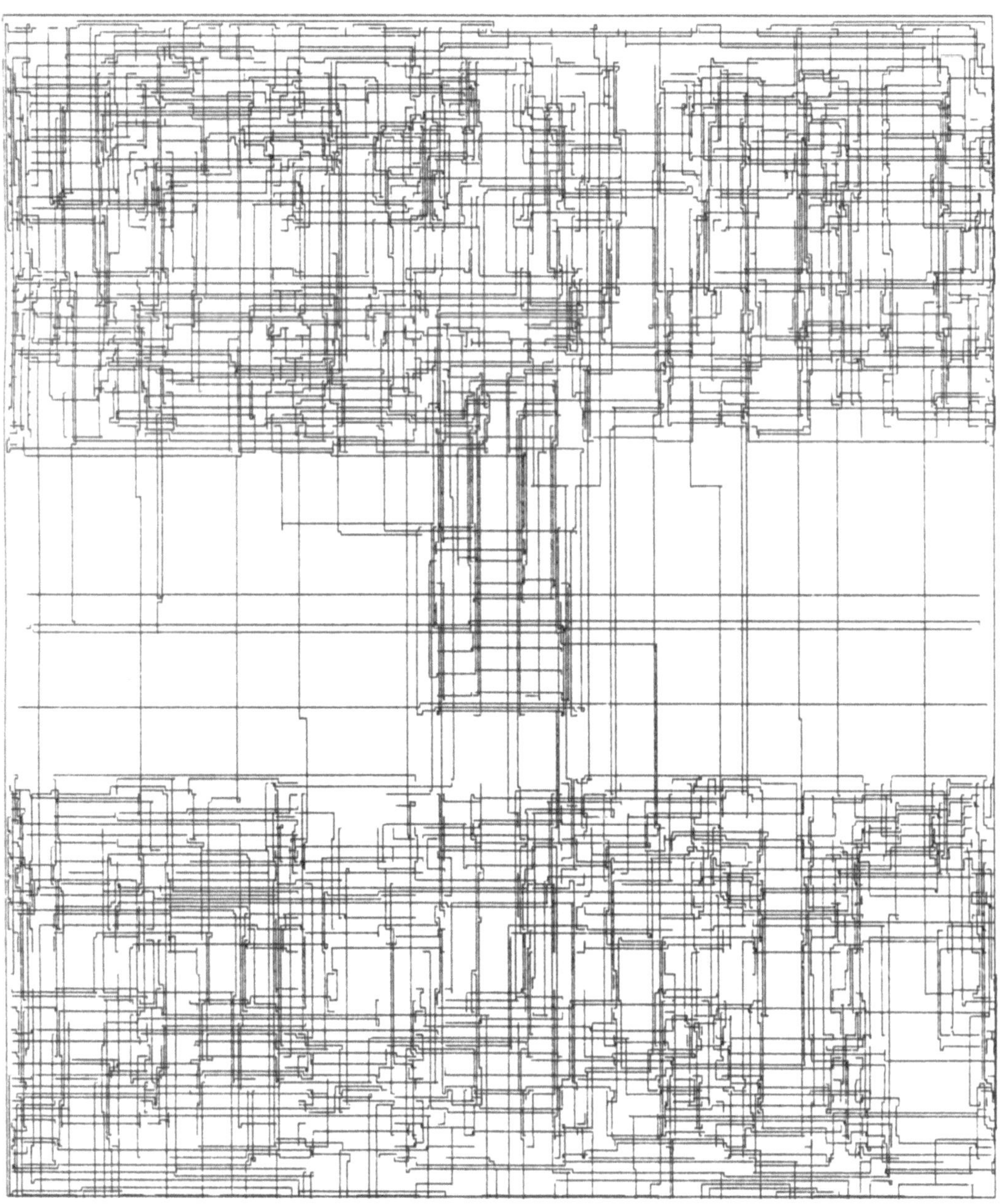

Bild 2. Verdrahtung zum Plazierungslauf von Bild 1

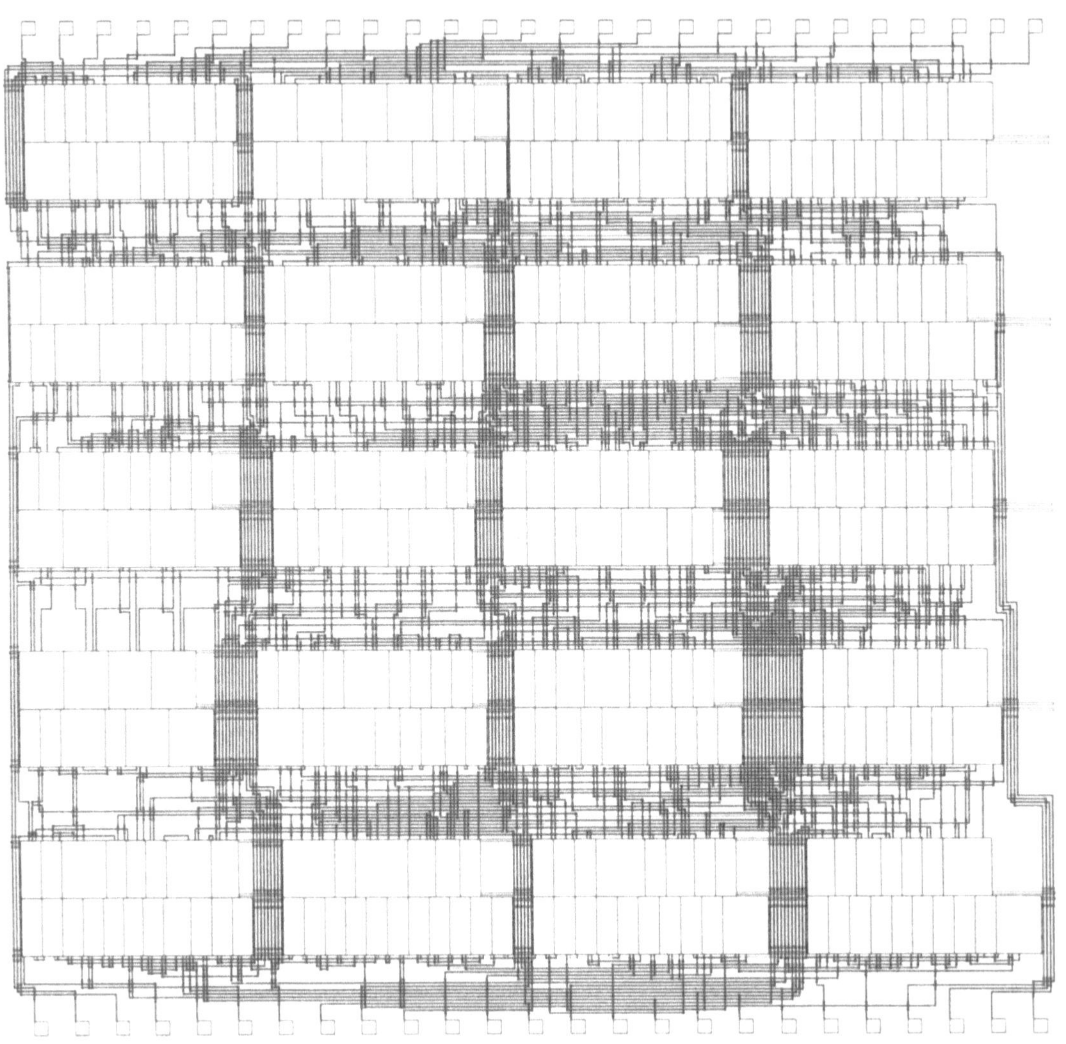

Bild 3. Ergebnis eines Plazierungs- und Verdrahtungslaufs durch
AVESTA, 317 Zellen, 52 Pads, 356 Signale

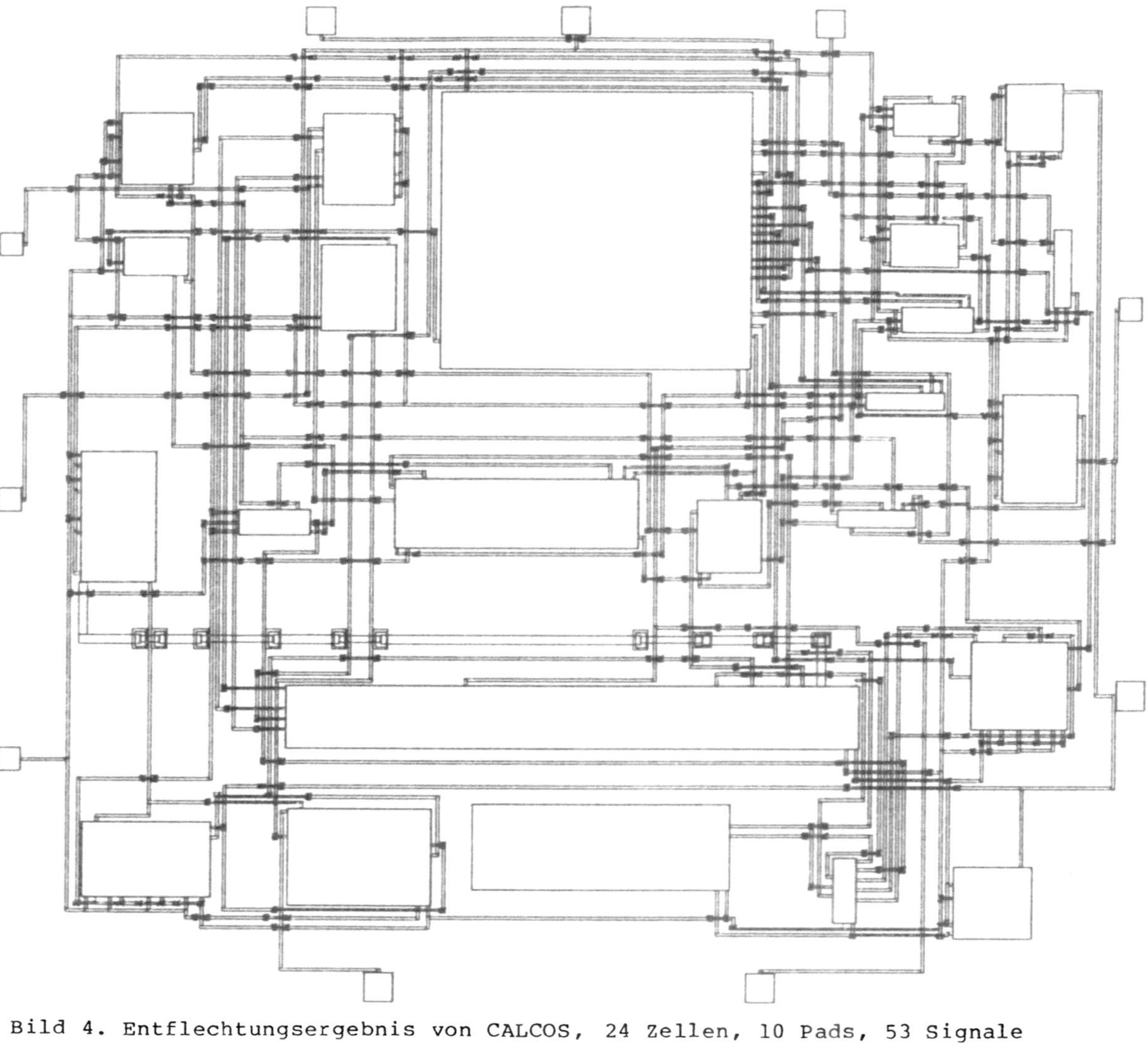

Bild 4. Entflechtungsergebnis von CALCOS, 24 Zellen, 10 Pads, 53 Signale

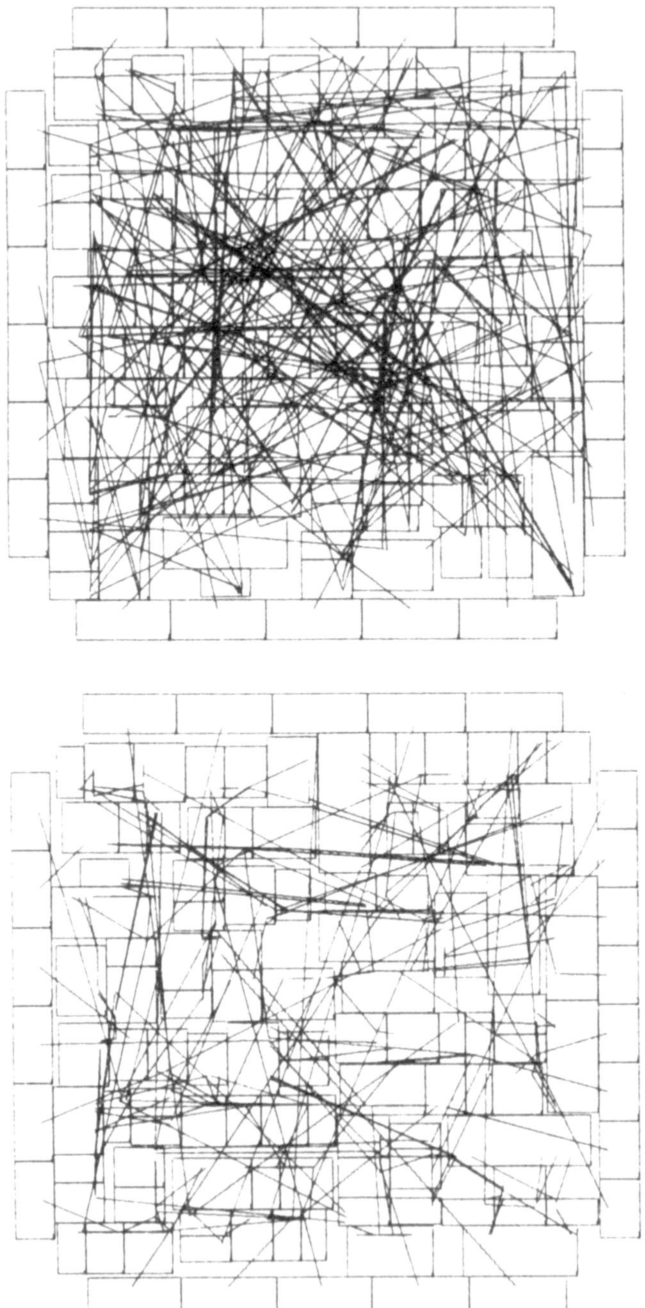

Bild 5. Oben: Zufällige Plazierung mit mittlerer Verdrahtungslänge
        Unten: CALCOS-Plazierung, 1/3 Verdrahtungslänge

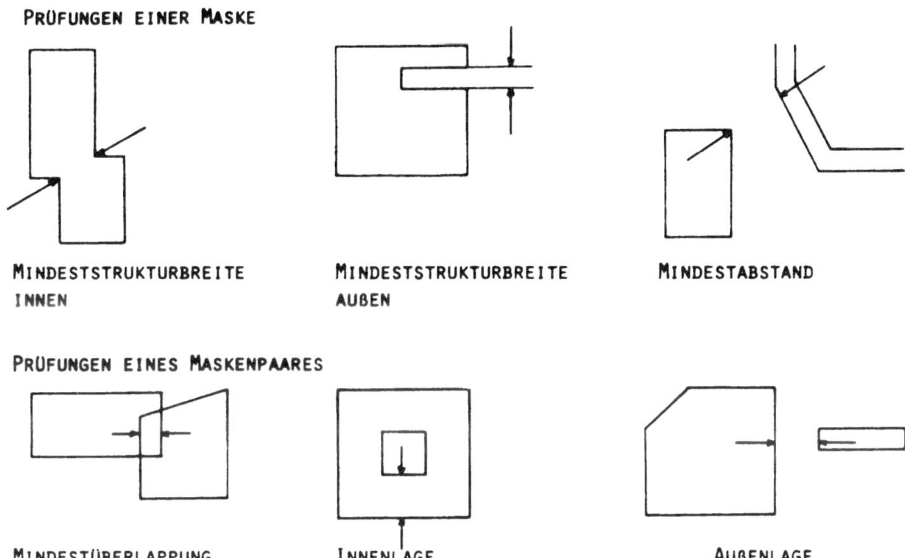

Bild 6. Prüfmöglichkeiten des Programms AUTOPRÜF

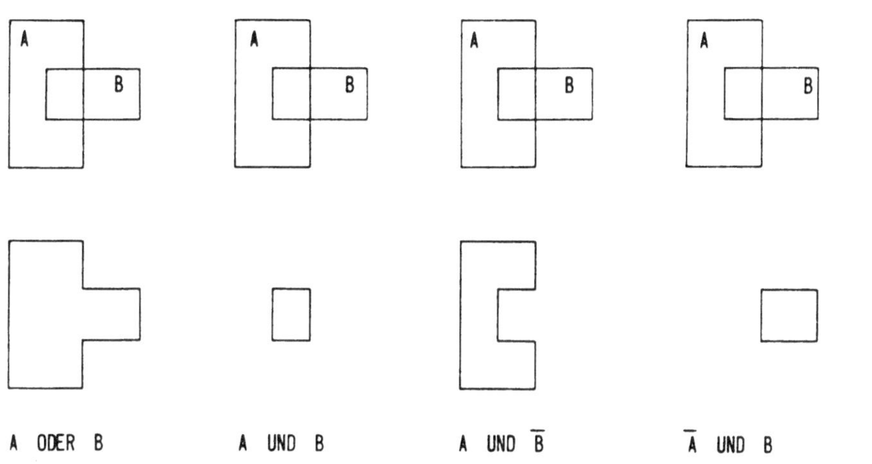

Bild 7. Strukturbehandlung des Programms AUTOBOOL

Probleme und Lösungen bei der Plazierung und Verdrahtung von Zellen

Ulrich Lauther

0 Einleitung

Das Problem des physikalischen Entwurfs auf Zellenebene (also des
Zusammenstellens vorentworfener Layoutblöcke zum Gesamtchip) ist
dem ersten Anschein nach für alle Zellenkonzepte (Masterslice, Standardzellen, Allgemeines Zellenkonzept, vergl. /1/) sehr ähnlich: Die
beim elektrisch/logischen Entwurf ausgewählten Zellen müssen plaziert
und ihre in einer Netzliste spezifizierten Verbindungen auf dem Silizium realisiert werden.

Diese beiden Teilprobleme der Entflechtung -Plazierung und Verdrah-
tung- werden aus praktischen Gründen fast immer getrennt behandelt.
Wie wir sehen werden, ist oft eine weitere Zerlegung in Teilprobleme
sinnvoll. Die je nach Zellenkonzept unterschiedliche geometrische
Architektur der Chips und die verschiedenen technologischen Randbedingungen führen jedoch zu sehr unterschiedlichem Charakter dieser
Teilprobleme.

In der vorliegenden Arbeit werden die bei den verschiedenen Zellenkonzepten auftretenden Teilprobleme geschildert und typische Lösungs-
verfahren angegeben. Besonders wird für das Entflechtungssystem
CALCOS, das bei uns für allgemeine Zellen entwickelt wird, auf einge-
setzte Verfahren, Ergebnisse und Probleme eingegangen.

1 Plazierung

Das Plazierungsproblem besteht darin, unter Einhaltung von Nebenbe-
dingungen für jede Zelle geometrischen Ort und Einbaulage (Drehung/
Spiegelung) so festzulegen, daß eine Zielfunktion minimiert wird.
Die natürliche Zielfunktion wäre hierbei die Schwierigkeit, eine Verdrahtung (mit dem jeweils vorhandenen Verdrahtungsprogramm) durchzuführen; bei gegebener Verdrahtbarkeit sollte die gesamte Chipfläche,
ein Maß für die Fertigungskosten pro Stück, (soweit nicht von vorne-
herein vorgegeben) minimiert werden. Da diese Kriterien kaum in eine
analytische und schnell auswertbare Form gebracht werden können,

verwendet man einfachere Hilfsfunktionen zur Optimierung. Typische Funktionen dieser Art sind die gesamte (geschätzte) Verdrahtungslänge, die Verdrahtungsdichte in ausgewählten Chipbereichen oder der Umfang der Rechtecke, die jeweils ein Netz einschließen. Auch bei Verwendung dieser vereinfachten Zielfunktionen ist eine exakte Lösung des Plazierungsproblems (außer durch enumerative Verfahren, die sich aus Laufzeitgründen verbieten) nicht möglich, weil das Problem zur Klasse der NP-vollständigen Probleme /2/ zählt. Man ist daher auf heuristische Algorithmen angewiesen. Die meist angewandten Methoden lassen sich klassifizieren in konstruktive Verfahren und Verfahren zur iterativen Verbesserung. Von beiden Typen gibt es sequentielle und simultan arbeitende Varianten. Konstruktive Verfahren bauen eine Plazierung "aus dem Nichts" auf, iterative Verbesserungsverfahren versuchen, eine vorgefundene Anfangsplazierung zu verbessern. Bei sequentiell-konstruktiven Verfahren wird Zelle für Zelle plaziert. Man braucht eine Auswahlstrategie für die jeweils nächste zu behandelnde Zelle (meist diejenige, die die meisten Verbindungen zu bereits plazierten Zellen hat) und ermittelt dann den Platz für diese Zelle so, daß die verwendete Zielfunktion möglichst wenig wächst.

Ein konstruktiv-simultanes Verfahren /3,4/ bildet das Plazierungsproblem auf ein Gleichgewichtsproblem von Massepunkten, zwischen denen anziehende und abstoßende Kräfte wirken, ab. Das zugeordnete Gleichungssystem kann simultan für alle Zellpositionen gelöst werden.

Ein anderes konstruktives Verfahren, das alle Zellen simultan behandelt, ist das Min-Cut-Verfahren /5/. Hier wird durch fortgesetztes Partitionieren der Zellmenge in Teilmengen etwa gleicher Flächensumme eine Anfangsplazierung gewonnen. Dabei wird die Partitionierung jeweils so durchgeführt, daß die Anzahl der Leitungen, die zwischen den Partitionen verlaufen, und damit die Leitungsdichte im Layout, minimiert wird.

Verfahren zur iterativen Verbesserung sind meistens sequentieller Natur. Paare von Zellen werden ausgetauscht, wenn dies die Zielfunktion vermindert. Varianten dieses Verfahrens ergeben sich aus unterschiedlichen Auswahlstrategien für die Austauschpartner.

1.1 Plazierung bei Master-Slice-Entwürfen

Die beschriebenen Plazierungsverfahren sind für Master-Slice-Entwürfe besonders gut geeignet, da Zuordnung von Zellen zu Einbauplätzen und Austausch von Zellen ohne Rücksicht auf geometrische Gesichtspunkte erfolgen können: Durch die Definition des Masters ist sichergestellt, daß keine Konflikte auftreten.

Es gibt allerdings Mastertypen, bei denen Zellen unterschiedlicher Größe verwendet werden. Hier ist jede Zelle nur auf einer Teilmenge der Einbauplätze legal plazierbar. Oft enthält eine Zelle auch mehrere unabhängige logische Funktionen (z.B. Gatter), so daß zunächst eine Zusammenfassung von Gattern zu Zellen - ähnlich der Gatterzuweisung zu Gehäusen bei Leiterplatten - erfolgen muß.

Wichtig ist, daß die bei der Plazierung verwendete Approximation der Leitungslängen die spätere Topologie der Netze möglichst gut berücksichtigt; diese kann je nach Architektur des Masters sehr verschieden aussehen: Während einige Master gitterförmige Verdrahtungskanäle zur Verfügung stellen, erlauben andere ein teilweises oder beliebiges Überqueren der Zellen, wieder andere haben ausgeprägte Zeilenstruktur oder lassen Kreuzungen zwischen den Verdrahtungsebenen nur über vorfabrizierte Tunnel zu.

Aus dem Gesagten folgt, daß ein Plazierungsprogramm für Master-Slice-Entwürfe wohl nur dann erfolgreich sein kann, wenn es auf die geometrische Architektur des Masters zugeschnitten ist. Dies gilt weitgehend auch für die Wegesuche.

1.2 Plazierung bei Standardzellenentwürfen

Unter Standardzellen wollen wir Zellen einheitlicher (oder ähnlicher) Höhe jedoch unterschiedlicher Breite verstehen, die in Reihen angeordnet werden und Signalein- bzw. ausgänge nur an _einer_ Seite oder an zwei gegenüberliegenden Seiten aufweisen. Stromversorgung, manchmal auch Takte, laufen innerhalb der Zellen und werden beim Aufreihen der Zellen automatisch verbunden.

Da die Zellen unterschiedlich breit sind, verschiebt sich i.a. ein Großteil der Zellen einer Zeile, wenn zwei Zellen gegeneinander ausgetauscht werden; es gibt also keine vordefinierten Plätze. Diese eindimensional schwimmende Anordnung der Zellen macht die Abschätzung der Leitungslängen oder der Dichte im Kanal aufwendiger.

Auch hier muß die Struktur der Zellenanordnung berücksichtigt werden. Während zweiseitig anschließbare Zellen in Einzelzeilen angeordnet werden, die einen Wechsel von einem Kanal in den nächsten zwischen je zwei Zellen erlauben ("feed thru"), werden einseitige Standardzellen in Zeilenpaaren Rücken an Rücken angeordnet. In diesem Fall müssen Verbindungen zwischen den horizontalen Verdrahtungskanälen über die Zeilenenden oder über einige wenige vertikale Durchbrüche geführt werden.

In unserem Entflechtungsprogramm AVESTA /6/ für einseitige Standardzellen beginnt daher die Plazierung mit einer Partitionierung der Zellenmenge in Gruppen (Zeilenpaare), zwischen denen möglichst wenig Verbindungen verlaufen.

Eine weitere Partitionierung der Gruppen in Teilgruppen definiert die vertikalen Durchbrüche. Innerhalb der Teilgruppen können dann ein konstruktiver Algorithmus zur Initialplazierung und ein iterativer Verbesserungsalgorithmus auf die hier relativ kleine Zellenmenge angesetzt werden, ohne die restlichen Schaltungsteile berücksichtigen zu müssen. Der vertikale Abstand der Zellenreihen wird erst bei der Verdrahtung dem aktuellen Bedarf entsprechend eingestellt (s.u.).

1.3 Plazierung allgemeiner Zellen

Für dieses Problem ist es wohl am schwierigsten, gute Lösungen zu erreichen. Gleichzeitig mit der Anordnung im Hinblick auf kurze Leitungslängen sind komplexe geometrische Bedingungen zu befriedigen: Die Plazierung der Zellen muß überlappungsfrei und mit möglichst wenig "Verschnitt" erfolgen. Voraussetzung zur befriedigenden Lösung dieser Aufgabe ist eine Datenstruktur, die eine schnelle Manipulation von Rechteckparkettierungen der Fläche zuläßt. Als solche Datenstruktur wurden schon früh polare Graphen verwendet. Hier wird jedes Rechteck der Anordnung durch ein Kantenpaar aus einem Paar zueinander dualer Graphen repräsentiert. Die Rechteckkoordinaten ergeben sich durch die Berechnung längster Wege auf diesen Graphen. Basierend auf dieser Darstellung, die schon in den sechziger Jahren für Entflechtung auf Transistorlevel /7/ oder bei Hybridschaltungen /8/ eingesetzt wurde, schlugen Preas und Gwyn /9/ 1978 Methoden für

Konstruktion und iterative Verbesserung von Layouts aus allgemeinen Zellen vor. Gerade bei stark unterschiedlicher Zellengröße dürften diese Verfahren mit ihrer lokalen Betrachtungsweise jedoch stark startpunktabhängige Lösungen ergeben.

Von Lauther /10/ wurde 1979 erstmals das Konzept der Darstellung von Rechteckanordnungen durch polare Graphen mit dem Min-Cut-Prinzip kombiniert. Hier wird der Plazierungsgraph top-down parallel zur Partitionierung der Zellenmenge konstruiert. Die Graphen-Darstellung erlaubt sowohl lokale Optimierung der Flächen als auch einfache Implementierung graphisch-interaktiver Eingriffe in die Plazierung. Sie macht es auch relativ einfach, nach einer globalen Wegesuche, die den notwendigen Verdrahtungsraum zwischen den Zellen bestimmt, die Zellenanordnung so zu modifizieren, daß diese Verdrahtungsflächen frei gehalten werden. Das beschriebene Verfahren, bei uns im Programmsystem CALCOS eingesetzt, wurde in den letzten Jahren vielerorts mit Erfolg übernommen.

2 Wegesuche

Hier sind globale Wegesuche (loose routing) und detaillierte Wegesuche (Verdrahtung) zu unterscheiden.

2.1 Globale Wegesuche

Die globale Wegesuche hat die Aufgabe, den Verlauf der Wege im groben festzulegen, um die nachfolgende detaillierte Wegesuche zu steuern (und zu beschleunigen) und durch Prognose der benötigten Verdrahtungskanäle eine entsprechende Modifikation der Plazierung - soweit im jeweiligen Zellenkonzept zugelassen - zu ermöglichen.

So wird bei Master-Slice-Entwürfen über die globale Wegesuche eine möglichst gleichmäßige Nutzung der vorgegebenen Verdrahtungskanäle angestrebt. Bei Standardzellen-Entwürfen steuert die globale Wegesuche die Generierung von vertikalen Zeilendurchbrüchen oder von Feed-Thrus an, während bei allgemeinen Zellenentwürfen - wie schon erwähnt - jede Zellposition individuell entsprechend dem ermittelten Bedarf an Verdrahtungskanälen modifiziert wird.

Die globale Wegesuche läuft im allgemeinen so ab, daß zunächst entsprechend der geometrischen Architektur des Chips ein Kanalgraph

definiert wird, der die Verdrahtungsmöglichkeiten repräsentiert und
dessen Kanten mit einer (problemspezifischen) Kostenfunktion belegt
sind.

Für jedes zu realisierende Netz wird auf diesem Graphen ein kürzester
Baum aufgespannt, der den Verlauf der Verbindungen grob festlegt.
Aus der Menge aller durch einen Kanal laufenden Verbindungen kann
dann die notwendige Kanalbreite näherungsweise bestimmt werden.
Bei vorgegebenen Kanalbreiten kann rechtzeitig die Nutzung anderer
Kanäle erzwungen werden.

2.2 Detaillierte Wegesuche

Die Aufgabe dieses Schrittes ist es, die exakte Position aller Wegstücke und Kontaktlöcher so festzulegen, daß die vorgegebenen Verbindungen unter Einhaltung der geometrischen Entwurfs-Regeln realisiert
werden. Auf die Vielzahl der algorithmischen Methoden einzugehen, ver-
bietet hier der Platz. Stattdessen sollen einige Teilprobleme erläutert werden, in die das Verdrahtungsproblem zerlegt werden kann und
an deren Lösung gerade im Hinblick auf Zellenschaltungen in den
letzten Jahren vielerorts gearbeitet wird.

Klassische Verdrahtungsalgorithmen wie Lee-Algorithmus /11/ oder
Hightower-Algorithmus /12/ basieren auf einem sehr universellen
Modell des Verdrahtungsproblems: Gegeben sind eine Menge von Punkten
(Pins) in der Ebene, welche Namen tragen, und eine Menge von Hindernissen. Teilmengen von Pins mit gleichem Namen (Netze) sind durch
Wegstücke in einer oder mehreren Ebenen zu verbinden. Bei Ebenenwechsel sind Kontaktlöcher zu setzen. Zwischen Wegen und Kontakt-
löchern verschiedener Netze und zu den Hindernissen sind Mindest-
abstände einzuhalten. Pin- und Hindernispositionen sind fixiert.
Dieses universelle Verdrahtungsproblem läßt sich oft in wesentlich
speziellere Teilprobelme zerlegen, für die effizientere Lösungen
(bezüglich Erfolg und Laufzeit) existieren oder noch gesucht werden.

Solche Teilprobleme sind:

- Single-Row-Routing:
  Alle zu verbindenden Pins liegen auf einer Geraden. Verbindungen
  können oberhalb oder unterhalb dieser Geraden laufen bzw. zwischen
  zwei Pins ihre "Straße" wechseln. Sowohl die beiden Straßen als
  auch der Raum zwischen den Pins sind bezüglich der Verdrahtungs-

kapazität normalerweise beschränkt. Für die Verdrahtbarkeit solcher Anordnungen wurden von Kuh et al. notwendige und hinreichende Bedingungen angegeben /13/. Raghavan und Sahui berichten über ein enumeratives, aber trotzdem hinreichend schnelles Verfahren zur optimalen Verdrahtung in diesem Stil /14/. Außer bei Flachbaugruppen tritt dieses Verdrahtungsproblem bei gewissen Master-Slice-Architekturen auf.

- Channel-Routing:
  Die Pins liegen an den beiden Ufern eines Kanals, dessen Breite i.a. erst durch den Router eingestellt wird, und an den Enden des Kanals. Bei waagerechtem Kanal sind die x-Positionen der Pins an den beiden Ufern fixiert, die y-Positionen der Pins an den Kanalenden frei. Jedes Netz wird durch ein oder mehrere kanalparallele Wegstücke in einer Ebene und durch dazu senkrechte Stichleitungen (vorzugsweise in der anderen Ebene) realisiert. Das Verdrahtungsproblem reduziert sich hier darauf, die y-Positionen der kanalparallelen Wegstücke so zu bestimmen, daß zwischen ihnen und beim Verlegen der Stichleitungen keine Konflikte auftreten und daß die benötigte Kanalbreite möglichst klein wird. Hierzu wurden sehr effiziente Verfahren entwickelt /15,16/.

  Channelrouter werden vor allem bei Standardzellenschaltungen, aber auch für Master-Slice-Entwürfe geeigneter Struktur und für allgemeine Zellenschaltungen eingesetzt.

  Beim allgemeinen Zellenkonzept entsteht ein Problem dadurch, daß erst durch die Verdrahtung eines Kanals die Pinpositionen im Nachbarkanal fixiert werden. Dies führt zu einem Reihenfolgeproblem für die Behandlung der Kanäle, das nicht immer lösbar ist.

- River-Routing:
  Dies ist ein Spezialfall des Channel-Routing-Problems /17/. Alle Verbindungen im Kanal laufen von einem Ufer zum anderen. Die Pinfolgen sind auf beiden Ufern gleich. Damit können alle Verbindungen in einer Ebene kreuzungsfrei realisiert werden. Dieses Verdrahtungsproblem tritt bei Zellenschaltungen auf, bei denen die Zellen "aufeinander zu" entworfen wurden.

3 Anordnung und Verdrahtung allgemeiner Zellen im Programmsystem CALCOS

Das System CALCOS wurde schon mehrfach publiziert /10,18,19,20/. Daher sollen hier die eingesetzten Verfahren nur kurz erwähnt werden, um dann auf laufende Arbeiten und offene Probleme einzugehen.

Zur Plazierung wird das schon besprochene Min-Cut-Verfahren eingesetzt. Soweit nötig kann der Benutzer an einem graphischen Bildschirm in die Plazierung eingreifen, um z.B. Zellen zu vertauschen, zu drehen oder zu spiegeln.

Anders als bei üblichen passiv-interaktiv graphischen Systemen wird durch die zugrundeliegende Repräsentation durch polare Graphen eine überlappungsfreie, dichte Anordnung der Zellen immer gewährleistet. Dabei sind die Antwortzeiten des Systems im wesentlichen durch die Übertragungs- und Abbildungszeiten, nicht jedoch durch den Aufwand zur Berechnung der Zellpositionen bestimmt.

Auf die Plazierung folgt die globale Wegesuche, die neben dem Verlauf der Wege im Groben auch die endgültigen Zellpositionen bestimmt. Um die Wegesuche zu erleichtern und zu beschleunigen, werden hier die Verdrahtungskanäle über den eigentlich festgestellten Bedarf hinaus aufgeweitet. Den Betrag dieser Aufweitung kann der Benutzer festlegen. Für die genaue Wegesuche setzen wir einen Line-Search-Algorithmus nach Hightower ein. Dieses Verfahren erlaubt es, leichter als die sonst effizienteren Channel-Router Wege unterschiedlicher Breite, "große" Kontaktlöcher und interaktive Eingriffe zu berücksichtigen. Das Wegesuchverfahren wird durch die Ergebnisse der globalen Wegesuche gesteuert und enthält spezielle Vorkehrungen, um das Blockieren später behandelter Netze zu vermeiden. Der Router verwendet zunächst das Prinzip der Vorzugsrichtungen: Horizontale Wegstücke werden in einer Ebene verlegt, vertikale Wegstücke in der anderen Ebene. In einem Nachlauf werden Wege soweit möglich in die priorisierte Ebene überführt, die auf diese Weise etwa für 75% der Verdrahtung verwendet wird.

Interaktiv können Wege vorgegeben oder gelöscht werden. Man kann auch steuernd in die automatischen Verfahren eingreifen. Alle interaktiven Eingriffe unterliegen einem On-Line-Design-Rule- und Connectivity-Check, so daß es nicht möglich ist, ein fehlerhaftes Layout zu erzeugen.

Die erwähnte Überdimensionierung der Verdrahtungskanäle erfordert einen Kompaktierungsschritt nach der Verdrahtung. Dieser Programmteil ist erst noch zu entwickeln.

Ein weiteres Problem bilden die Stromversorgungsleitungen, die zur Zeit wie Signalleitungen behandelt werden und damit teilweise in der Polysiliziumebene verlaufen. Hier ist eine Spezialbehandlung erforderlich: Planare Auslegung dieser Netze und Berücksichtigung dieser Hindernisse bei der restlichen Signalverdrahtung.

Ein mit CALCOS erzeugtes Layout ist im Beitrag /21/ in diesem Band abgebildet.

4 Literatur

1. Koller, K.W.; Lauther, U.: Rechnergestützter Topographieentwurf großintegrierter Halbleiterschaltungen auf Zellenebene, NTZ, Bd. 31 (1978), S. 906-910
2. Karp, R.M.: Reducibility among combinatorial problems, in Miller, R.E.; Tatcher, J.W.: Complexity of Computer Computations, Plenum Press, New York, 1972, pp. 85-104
3. Quinn, N.R.: The Placement Problem As Viewed From the Physics of Classical Mechanics, Proc. 12th Design Automation Conf., 1975, pp. 173-178
4. Antreich, K.J.; Johannes, F.M.; Kirsch,F.H.: A New Approach for Solving the Placement Problem Using Force Models, Proc. IEEE ISCAS, Rome 1982, pp. 481-486
5. Breuer, M.A.: A Class of Min-Cut Placement Algorithms, Proc. 14th Design Automation Conf., 1977, pp. 284-290
6. Koller, K.W.; Lauther, U.: The Siemens-AVESTA-System for Computer-Aided Design of MOS-Standard Cell Circuit, Proc. 14th Design Automation Conf., 1977, pp. 153-157
7. Ohtsuki, T.; Sugiyama, N.; Kawanishi, H.: An Optimization Technique for Integrated Circuit Layout Design, Proc. ICCST-Kyoto, 9/1970, pp. 67-68
8. Zibert, K.; Saal, R.: On Computer Aided Hybrid Circuit Layout, Proc. 1974 IEEE ISCAS, pp. 314-318
9. Preas, B.T.; Gwyn, C.W.: Methods for hierarchical automatic layout of custom LSI circuit mask, Proc. 15th Design Automation Conf., 1978, pp. 206-213

10.Lauther, U.: A Min-Cut Placement Algorithm for General Cell Assemblies Based on a Graph Representation, Proc. 16th Design Automation Conf., 1979, pp. 1-10

11.Lee, C.Y.: An Algorithm for Path Connections and its Applications, IRE Trans. on Electronic Computers, VEC-10, 1961, pp. 346-365

12.Hightower, D.W.: A Solution to line routing problems in the continuous plane, Proc. 6th Design Automation Workshop, June 1969, pp. 1-24

13.Kuh, E.; Kashiwabara, T.; Fujisawa,T.: On Optimum Single Row Routing, IEEE Trans. on Circuit and Systems, CAS-26, 1979, pp. 361-368

14.Ranghawan, R.; Sahni,S.: Optimal Single Row Router, Proc. 19th Design Automation Conf., 1982, pp. 38-45

15.Kernighan, B.W.; Schweikert, D.G.; Persky, G.: An Optimum Channel-Routing Algorithm for Polycell Layouts of Integrated Circuits, Proc. 10th Design Automation Workshop, 1973, pp. 50-59

16.Yoshimura, T., Kuh, E.S.: Efficient Algorithms For Channel Routing, IEEE Trans. on Computer-Aided Design of Integrated Circuits and Systems, Vol. CAD-1, 1982, pp. 25-35

17.Pinter, R.Y.: On Routing Two-Point Nets Across a Channel, Proc. 19th Design Automation Conf., 1982, pp. 894-902

18.Lauther, U.: The SIEMENS CALCOS System for Computer Aided Design of Cell Based IC Layout, Proc. 1st ICCC, Port Chester, New York, Oct. 1-3,1980, pp. 768-771

19.Lauther, U.: The CALCOS-System For Cell Based VLSI Design, in Rabbat, G. (Hrsg.): Hardware and Software Concepts in VLSI, in Vorbereitung

20.Lauther, U.: A Data Structure for Gridless Routing, Proc. 17th Design Automation Conf., 1980, pp. 603-609

21.Koller, K.W.; Nett, M.: Layoutentwurf und -verifizierung. In diesem Buch

Layout-Generierung von Transistorstrukturen

Karl Knauer und Jean-Claude Lescop

0 Einleitung

Beim Entwurf einer integrierten Schaltung muß ein gegebenes Ersatz-
schaltbild in ein Layout umgesetzt werden. Zur Zeit wird dies vom
Schaltungsentwickler meist alphanummerisch oder am graphischen Arbeitsplatz durchgeführt. Dabei müssen neben der Realisierung der
Topologie auch die jeweiligen Designregeln beachtet werden. Damit
wird der Entwurf besonders von größeren Schaltungen kompliziert,
langwierig und fehleranfällig. Deshalb erscheint es sinnvoll, bei
der Entwurfsarbeit den Rechner zur Unterstützung heranzuziehen.
Der Mensch beschränkt sich auf die Topologie und gibt die Anordnung und Lage der einzelnen Schaltelemente vor. Der Rechner ergänzt
diesen Entwurf, indem er auf die Einhaltung der Designregeln achtet
und zu große Abstände verringert. Durch dieses Zusammenspiel von
Mensch und Maschine ergeben sich eine kürzere Realisierungszeit,
die Vermeidung von Designregelverletzungen und die Möglichkeit zur
Anpassung der Schaltung an veränderte Designregeln.

Ansätze für die rechnerunterstützte Layout-Generierung sind daher
weltweit vorhanden /1-3/.Im Hause Siemens stützt man sich vor allem
auf das Programm CABBAGE /3/, mit dem Layout-Generierung auf symbo-
lischer Ebene möglich ist. Daneben wird ein Programm DESIGN RULE
ADAPTER entwickelt, das die Layout-Generierung auf Rechteck-Ebene
vereinfacht und bei vorhandenen Layouts automatisch neue Designregeln
adaptiert. Über diese beiden Programme soll im folgenden berichtet
werden.

1 Das Layout-Generierungs- und Kompaktierungsprogramm CABBAGE-S

Das Programm CABBAGE stammt ursprünglich von M.Y. Hsueh von der
Universität Berkeley, Kalifornien /3/. Über die Katholische Uni-
versität Leuven, an der ebenfalls auf dem Gebiet der rechnerunter-
stützten Layout-Generierung gearbeitet wird, kam das Programm zur
Siemens AG, wo es unter dem Namen CABBAGE-S weiterentwickelt wird.
Die Siemens-Version ist in der Programmiersprache MORTRAN geschrie-

ben und läuft auf einem 7760 Rechner im Betriebssystem BS 2000.
In Bild 1 ist das Programm mit seiner Umgebung dargestellt. Als
Eingabegerät wird das farbtüchtige Graphikterminal Ramtek 6212 verwendet. Damit können die beiden Teile des Programmes CABBAGE-S,
der graphische Editor zur symbolischen Beschreibung des Layouts
und der Kompaktor zur Anpassung an die gegebenen Designregeln und
zur Flächenminimierung, interaktiv gesteuert werden. Als Ausgabe
erzeugt das Programm Daten zur Simulation, Layout-Generierung und
Zellenverdrahtung.

Das Programm CABBAGE-S wurde zuerst für die NMOS-Technik implementiert und dann auf CMOS-Technik erweitert. Wünschenswert wäre jedoch
eine technologieunabhängige Programmversion mit der Möglichkeit,
die Layout-Elemente, ihre Eigenschaften, Dimensionen, Anschlüsse
und Symbole völlig frei definieren zu können. Diese Programmerwei-
terung muß in Zusammenhang mit der Entwicklung einer prozeduralen
Layout-Beschreibungssprache gesehen werden.

1.1 Erzeugung des symbolischen Layouts mit CABBAGE-S

Bei dem Entwurf einer Schaltung muß der Entwickler zwei Aufgaben
erfüllen: Er muß eine funktionell richtige Topologie realisieren
und diese Topologie platzsparend unter Einhaltung der Designregeln
in ein geometrisches Layout übertragen. Das Programm CABBAGE-S entlastet ihn von der zweiten Aufgabe, so daß er sich voll auf die
erste konzentrieren kann. Durch die kurze Entwicklungszeit, die
sich aufgrund der Rechnerunterstützung ergibt, ist es möglich, verschiedene Schaltungsvarianten zu entwerfen und zu verfolgen. Diese
Möglichkeit wird beim Handlayout aus Zeitgründen meist unterbleiben.
Hat der Entwickler sich für eine Variante entschieden, so kann er
diese iterativ, in ständigem Wechsel mit dem Rechner, so lange verbessern, bis er eine befriedigende Lösung erhält.

Bei der Layout-Generierung stehen dem Entwickler symbolische Elemente wie Transistoren, Verdrahtungslinien und Kontakte zur Verfügung, die im Programm CABBAGE-S definiert sind. Mit "fixed con-
straint"-Linien kann der Abstand zwischen zwei Elementen auf einem
festen Wert gehalten werden. Zur Flächenreduzierung können Leiter-
bahnen per Programm abgeknickt werden. Rotation von Elementen ist bei
der derzeit benutzten Programmversion nur interaktiv möglich. Hier
besteht noch Entwicklungsbedarf bei den derzeit bekannten CABBAGE-
Programmen. Alle in dem Programm verwendeten Elemente müssen achsen-

parallele Kanten besitzen. Bei der Konstruktion wird das Layout auf einem Raster aufgebaut, wobei alle Abmessungen Vielfachen des Rasterabstandes entsprechen.

Mit Hilfe der gegebenen symbolischen Elemente baut der Entwickler das sogenannte Stick-Diagramm seiner Schaltung auf. In Bild 2 sind als Beispiel der Stromlaufplan auf Transistorebene und das Stick-Diagramm für einen 1-Bit-Volladdierer gezeigt. Da in dem Stick-Diagramm die gesamte elektrische Struktur der Schaltung enthalten ist, können daraus die Eingabedaten für eine Circuit-Simulation mit den Programmen SPICE 2 /4/ oder DIANA /5/ direkt entnommen werden (vgl. Bild 1).

Aus dem Stick-Diagramm kann direkt ein reales Layout erzeugt werden, bei dem lediglich die Designregeln beachtet, nicht aber eine minimale Schaltungsfläche angestrebt wird. Dies erfolgt erst durch die Kompaktierung im zweiten Teil des Programmes.

1.2 Der Kompaktierungsalgorithmus bei CABBAGE-S

Das als Stick-Diagramm vorliegende Layout wird nun unter Einhaltung der Designregeln kompaktiert. Dabei kann der Entwickler festlegen, ob die Kompaktierung zuerst in X- oder in Y-Richtung erfolgen soll. Beide Vorgänge laufen vom Algorithmus her gleich ab, so daß hier nur die Kompaktierung in X-Richtung beschrieben wird. Zuerst werden alle Elemente mit gleichen X-Koordinaten und direkter topologischer Verbindung zu Gruppen zusammengefaßt. Bei dem in Bild 3a gezeigten, vereinfachten Layout, in dem nur Polysilizium und Locos-Gebiete vorkommen, werden an den Stellen x_1 bis x_4 die vier Gruppen G 1 bis G 4 gebildet. Zwischen den Gruppen werden nun, von links her beginnend, die notwendigen Abstände festgestellt. Liegt eine Gruppe nicht im Schatten einer davorliegenden Gruppe, so muß zwischen diesen beiden Gruppen kein Abstand eingehalten werden. Dies ist in Bild 3 b beispielsweise bei den Gruppen G 3 und G 4 der Fall, da der maximale Y-Wert von G 4 kleiner als der minimale Y-Wert von G 3 ist. Bei den anderen Gruppen werden die notwendigen Abstände zwischen allen vorkommenden Technologieebenen berechnet. In Bild 3 b sind davon die Abstände a_1 (Polysilizium-Locos), a_2 (Locos-Locos) und a_3 (Locos-Locos) angegeben. Zu diesen Abständen a_1 bis a_3 muß jeweils noch die halbe Elementbreite in den beiden Gruppen addiert werden, um die Abstände der Mittellinien zu erhalten. Der größte der auf diese Weise ermittelten Abstände gibt dann den notwendigen Abstand zwischen den beiden betrachteten Gruppen an.

Aus den Gruppen und ihren Abständen kann nun ein Abstandsgraph aufgebaut werden, wie er in Bild 3c gezeigt ist. Die Knoten dieses Graphen entsprechen den Gruppen, die Kanten den jeweiligen Gruppenabständen. In diesem Graph wird nun vom ersten bis zum letzten Knoten der längste Pfad gesucht. Dieser Pfad wird als kritischer Pfad bezeichnet, da seine Länge die minimale Breite des Layouts bestimmt. Alle nicht auf diesem Pfad liegenden Gruppen werden in den vorhandenen Zwischenräumen gleichmäßig verteilt.

Da bei dem verwendeten Algorithmus nur die Abstände auf dem kritischen Pfad untersucht werden müssen, kann die Rechenzeit entscheidend reduziert werden. Sie steigt bei N Elementen nach /3/ lediglich um den Faktor $N^{**}1.6$ an. Jedoch erscheint bei einer neuen Programmversion auch eine Verbesserung des Kompaktierungsalgorithmus wünschenswert, um auch größere Schaltungen in vernünftiger Zeit verarbeiten zu können.

Bei einer Schaltungsoptimierung kann sich der Entwickler auf die Gruppen im kritischen Pfad konzentrieren. Durch interaktive Eingriffe wie Verschieben oder Verdrehen der Elemente kann er versuchen, eine bessere Lösung mit geringerer Schaltungsfläche zu erhalten.

1.3 Ergebnisse der Layout-Generierung mit CABBAGE-S

Für die Erfassung des in Bild 2 gezeigten Volladdierers mit dem graphischen Editor wurden etwa 45 Minuten benötigt. Die anschließende Kompaktierung in Y- und X-Richtung erforderte 12 CPU-Sekunden. Die Stick-Diagramme nach diesen einzelnen Kompaktierungsschritten sind in den Bildern 4a und 4b gezeigt. In Bild 4c ist das erzeugte kompaktierte Layout dargestellt. Es benötigt eine Fläche 42 x 140,5 μm^2. Das entsprechende Handlayout, von dem das Stick-Diagramm abgeleitet wurde, hatte mit 40 x 132 μm^2 etwa 12% weniger Fläche. Ein Vergleich der beiden Layouts zeigt, daß sich die größere Fläche vor allem durch die symmetrischen Elementanschlüsse bei den CABBAGE-S Elementen wie Kontakten und Transistoren ergibt. Hier kann durch eine technologieunabhängige Programmversion mit frei definierten Elementen die Schaltungsfläche des mit CABBAGE-S generierten Layouts noch weiter verringert werden.

2 Das Programm DESIGN RULE ADAPTER

Bei der Erstellung einer Zellenbibliothek besteht der Wunsch, die
Zellen in einer solchen Form abzuspeichern, daß ein hohes Maß an
Wiederverwendbarkeit durch Anpassung an verschiedene Designregeln
erreicht wird. Zur Lösung dieser Anforderungen wird das Programm
DESIGN RULE ADAPTER entwickelt, das ein beliebiges Layout auf Recht-
eck-Ebene erfaßt und nach neuen Designregeln aufbaut. Bei den neuen
Designregeln dürfen selbstverständliich nur die im älten Layout
bereits vorhandenen Technologieebenen verwendet werden.

Das Programm DESIGN RULE ADAPTER ist in der Programmiersprache PAS-
CAL geschrieben und läuft auf einem 7760 Rechner im Betriebssystem
BS 2000. Zur Zeit wird eine Programmversion für CMOS-Technik im
Laborbetrieb   erprobt, an einer NMOS-Version wird gearbeitet. Im
folgenden werden der Aufbau und die Funktion des Programmes näher
beschrieben.

2.1 Anwendungsbereich des Programmes DESIGN RULE ADAPTER

Mit dem Programm DESIGN RULE ADAPTER soll eine als Layout vorliegende Schaltung erfaßt und in eine topologisch äquivalente Schaltung mit anderen Designregeln umgewandelt werden. Die Ein- und Ausgabe erfolgt durch achsenparallele Rechtecke (Manhattan-Strukturen),
die im Siemens-Standardformat HKP vorliegen.

Da es von der Konzeption des Programmes her gleichgültig ist, ob
die eingegebene Schaltung mit oder ohne Designregeln erstellt wurde,
kann das Programm auch zur Unterstützung bei einer vereinfachten
Layout-Generierung verwendet werden. Der Entwickler erstellt sein
Layout als Handlayout aus geometrischen Strukturen (Rechtecken)
in der heute üblichen Weise. Dabei muß er jedoch nicht mehr auf
die Einhaltung der Designregeln achten, sondern kann sich voll auf
die Topologie der Schaltung konzentrieren. Die Anpassung an die
gewünschten Designregeln und die Kompaktierung der Schaltung erfolgt
durch das Programm. Durch interaktive Eingriffe kann der Entwickler
die Topologie der Schaltung weiter optimieren, bis das Ergebnis
seinen Erwartungen entspricht.

In Bild 5a ist der Stromlaufplan eines 2-fach-NANDs in CMOS-Technik
gezeigt. Das dazugehörende Layout wurde ohne Einhaltung von Designregeln mit Rechtecken erstellt. In Bild 5b sind der Stromlaufplan

und das Layout eines 2-fach-NANDs in CMOS-Technik mit zwei Ausgangs-
treibern dargestellt, das nach gegebenen Designregeln aufgebaut
wurde. Diese beiden Testschaltungen wurden mit dem Programm DESIGN
RULE ADAPTER bearbeitet. Dabei werden von dem Programm zuerst die
vorhandenen Transistoren festgestellt und deren Weiten und Längen
abgespeichert. Der Entwickler hat die Möglichkeit, Änderungen bei
den Transistorabmessungen vorzunehmen. Nach der Erfassung der Schaltung erfolgen die designrulefreie Beschreibung und die Kompaktierung,
wie im nächsten Abschnitt beschrieben wird.

2.2 Aufbau des Programmes DESIGN RULE ADAPTER

Um die Schaltung in designrulefreier Form zu speichern, werden vom
Programm die vertikalen Kanten der einzelnen Rechtecke erfaßt. Die
Reihenfolge der Kanten bleibt unverändert, um die Topologie der
Schaltung zu erhalten. Bei jeder Kante werden die Technologieebene,
die Y-Koordinate des Anfangs- und Endpunkts und die Lage der Kante
im Rechteck - Anfang oder Ende des Rechteckes - festgehalten. Bei
allen Transistoren werden Rechtecke in einer zusätzlichen Ebene
eingeführt, deren Abmessungen der Länge und Weite der jeweiligen
Transistoren entsprechen. Dann kann eine Schaltung als eine Reihe
von Kanten dargestellt werden. Dies ist in Bild 6 a für das in Bild
5b gezeigte 2-fach-NAND dargestellt.

Nach der designrulefreien Beschreibung erfolgt der neue Aufbau der
Schaltung mit den gewünschten Designregeln. Zuerst findet eine Kompaktierung in X-Richtung statt. Dabei wird, beginnend mit der ersten
Kante, für jede Kante untersucht, wie weit sie ohne Verletzung einer
Designregel nach links zu den bereits vorhandenen Kanten hinverscho-
ben werden kann. In allen Technologieebenen muß für die neue Kante
der Abstand zu den davorliegenden Kanten geprüft werden. Wie bei
CABBAGE-S sind nur solche Kanten relevant, in deren Schatten die
neue Kante liegt. Je nachdem, ob es sich um eine Kante am Anfang
oder Ende eines Rechteckes handelt, müssen verschiedene Designregeln bei der Abstandsprüfung verwendet werden. Die endgültige Lage
der neuen Kante ist dann der maximale Wert, der sich aus der Lage
der vorhandenen Kanten und den zu ihnen einzuhaltenden Abständen
ergibt. Bei Rechtecken in der speziellen Transistorebene wird die
abgespeicherte technologieunabhängige Information übernommen, um
die Weite und Länge des Transistors zu erhalten.

Die Lage der Kanten nach der Kompaktierung in X-Richtung ist in

Bild 6b gezeigt. Soweit die Designregeln keinen Abstand vorschreiben, werden die Kanten übereinandergelegt, ansonsten auf den minimalen Abstand zusammengeschoben. Um die Kompaktierung in Y-Richtung durchführen zu können, werden die horizontalen Kanten gesucht. Dazu werden jeweils die Anfangs- und Endpunkte der vertikalen Kanten eines Rechteckes verbunden. Dann erfolgt die Kompaktierung in Y-Richtung. Nach Prüfung der erhaltenen Schaltung kann der Entwickler durch interaktive Eingriffe, d.h. durch Ändern der Reihenfolge der Kanten, die Topologie der Schaltung verändern und damit möglicherweise ein günstigeres Layout erhalten.

2.3 Ergebnisse bei der Layout-Generierung und Designruleänderung mit dem Programm DESIGN RULE ADAPTER

Bei der in Bild 5a gezeigten, ohne Designregeln entworfenen CMOS-Schaltung wurden durch das Programm DESIGN RULE ADAPTER Designregeln eingeführt und eine Kompaktierung vorgenommen. Die neu generierte Schaltung, die mit einer Rechenzeit von 4 CPU-Sekungen erstellt wurde, ist in Bild 7a gezeigt. Bei der CMOS-Schaltung in Bild 5b wurden neue Designregeln verwendet. Bei einer Überprüfung der in Bild 7b gezeigten, neu generierten Schaltung konnten weder Designregelverletzungen noch weitere Kompaktierungsmöglichkeiten gefunden werden. Für die Erstellung dieses Beispiels waren etwa 6 CPU-Sekungen erforderlich.

3 Vergleich der Programme CABBAGE-S und DESIGN RULE ADAPTER

Mit den Programmen CABBAGE-S und DESIGN RULE ADAPTER stehen dem Schaltungsentwickler zwei Programme zur Layout-Generierung zur Verfügung. CABBAGE-S mit seiner symbolischen Eingabe ist mit einer höheren Programmiersprache vergleichbar. Es erlaubt auch einem nicht mit den Designregeln vertrauten Entwickler, eine Schaltung schnell und fehlerfrei zu realisieren. Da das Programm vor allem Designzeit und -aufwand optimieren will, gelingt es nur mit beträchtlichem Aufwand, eine Schaltungsfläche wie bei einem ausgereiften Handlayout zu erreichen. Layoutänderungen dürfen bei CABBAGE-S nur über das Stick-Diagramm einfließen, da sonst die Konsistenz zwischen symbolischem und tatsächlichem Layout nicht mehr gegeben ist.

Das Programm DESIGN RULE ADAPTER ist mit einem Assemblerprogramm vergleichbar. Man arbeitet auf der niedrigeren Ebene der Layout-

Generierung mit Rechtecken, wobei man Änderungen gezielt vornehmen kann. Nach Abschluß der Testphase im Labor soll das Programm zum einen dem erfahrenen Entwickler die Layout-Generierung erleichtern, zum anderen soll es das designrulefreie Abspeichern und den Aufbau mit neuen Designregeln von beliebig generierten Schaltungen ermöglichen.

4 Literatur

1. Williams, J.D.: STICKS - A graphical compiler for high level LSI design, Proc. National Computer Conf. 1978, pp. 289- 295
2. Dunlop, A.E.: SLIM - The translation of symbolic layout into mask data, Proc. 17th Design Automation Conf. 1980, pp. 592-602
3. Hsueh, M.Y.: Symbolic layout compaction of integrated circuits, Electronics Research Laboratory, Report No. UCB/ERL 79/80, University of California, Berkeley, Dec. 1979
4. Nagel, L.: SPICE 2: A computer program to simulate semiconductor circuits, Electronics Research Laboratory, Report No. ERL M 520, University of California, Berkeley, May 1975
5. Reynaert, P.; de Man, H.; Arnout, G.; Cornelissen, J.: DIANA: A mixed-mode simulator with a hardware description language for hierarchical design of VLSI, Proc. of ISCAS 1980, Huston, pp. 356-360
6. Lauther, U.: The SIEMENS CALCOS System for Computer Aided Design of Cell Based IC Layout, Proc. 1st ICCC, Port Chester, New York, Oct. 1 - 3, 1980, pp. 768-771

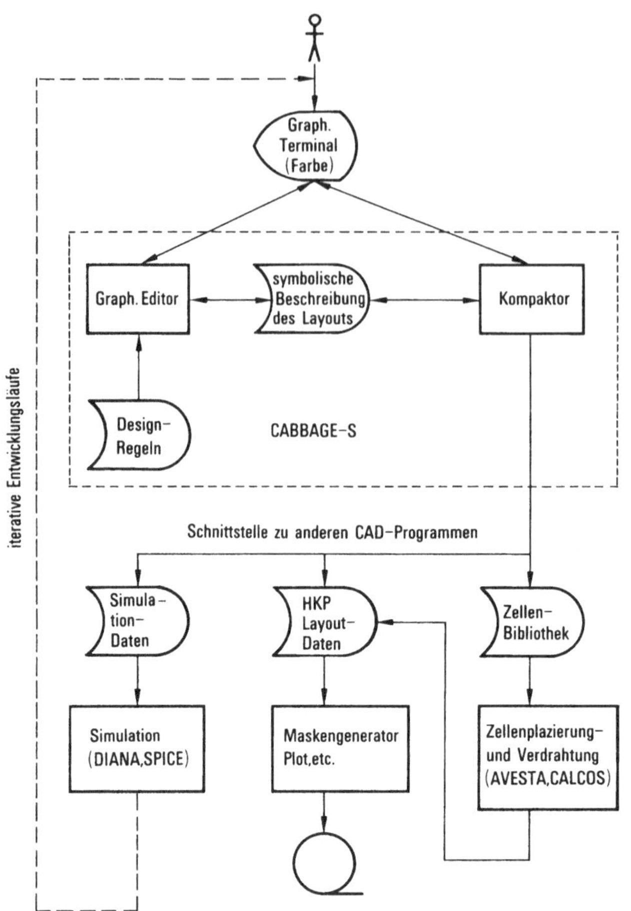

Bild 1. Das Programmsystem CABBAGE-S mit seinen Schnittstellen

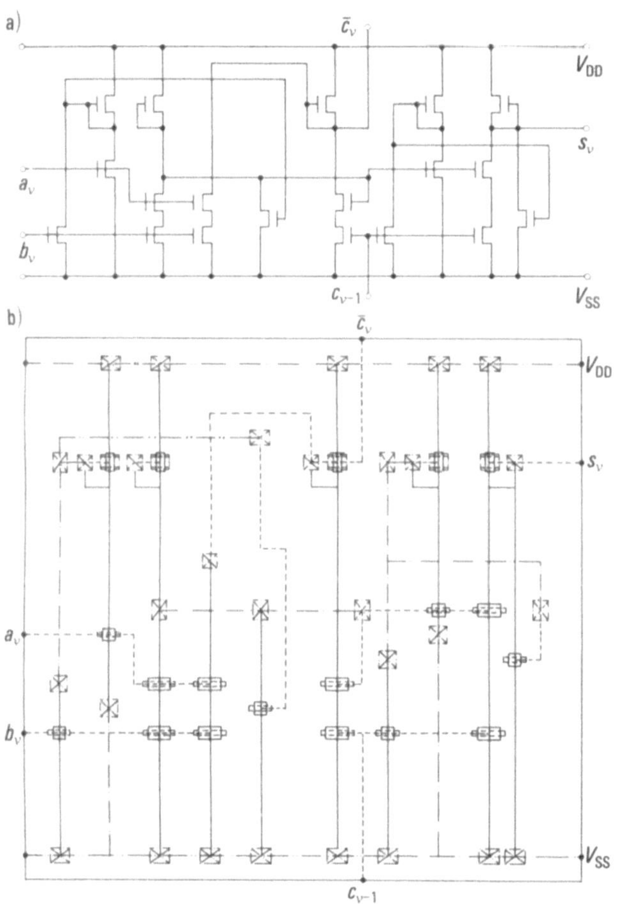

Bild 2. 1-Bit-Volladdierer in NMOS-Technik
   a) Stromlaufplan auf Transistorebene
   b) Stick-Diagramm (nicht kompaktiert)
   NMOS-Symbole:

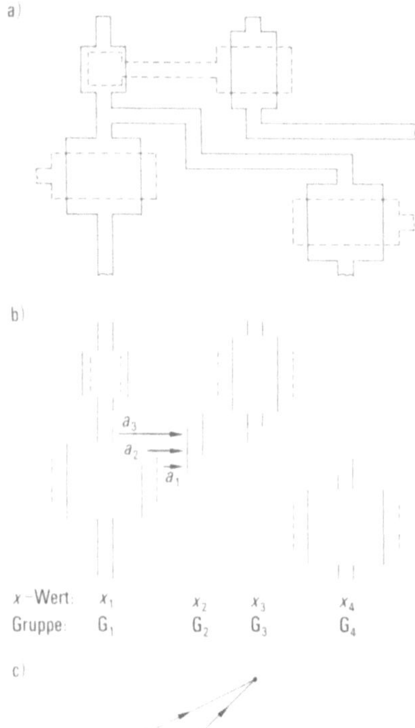

Bild 3.

Der Kompaktierungsalgorithmus bei CABBAGE-S

a) Zu kompaktierendes Layout

b) Gruppenbildung und Abstandsbestimmung

c) Abstandsgraph

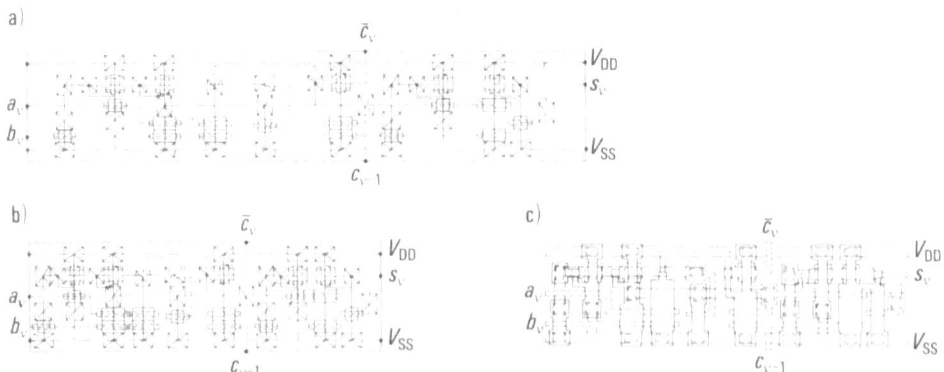

Bild 4. Stick-Diagramme und Layout des 1-Bit-Volladdierers

a) Stick-Diagramm kompaktiert in Y-Richtung

b) Stick-Diagramm kompaktiert in Y- und X-Richtung

c) Kompaktiertes Layout

a)

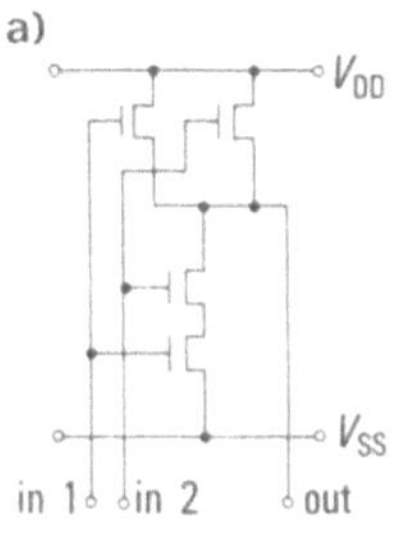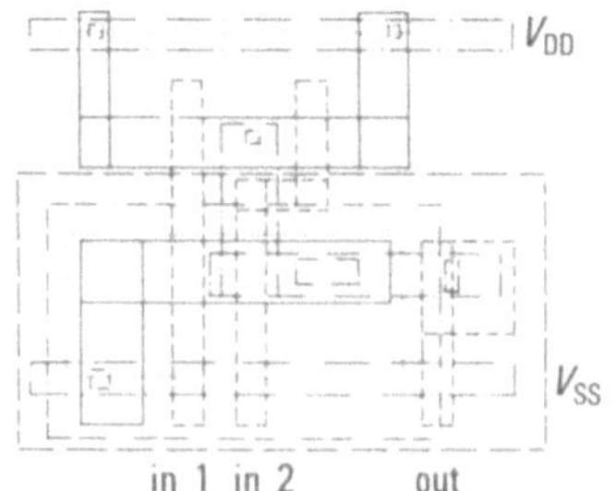

b)

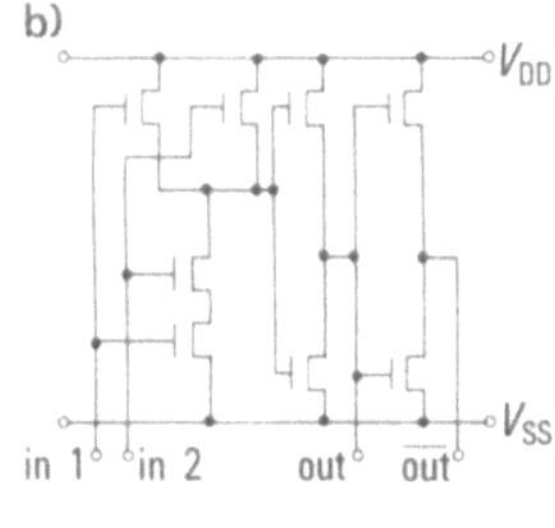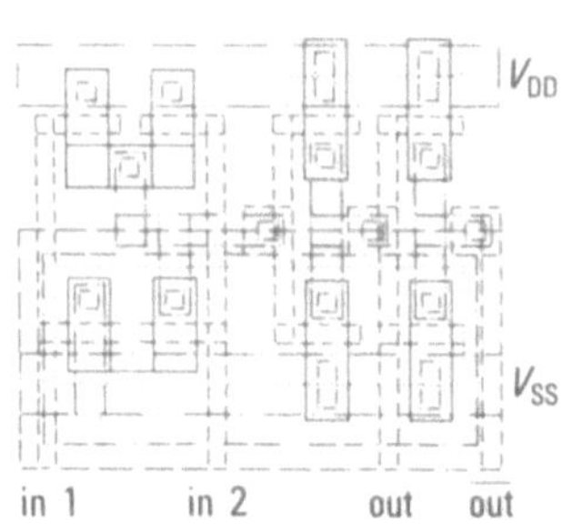

Bild 5. Verschiedene 2-fach-NANDs in CMOS-Technik

 a) Stromlaufplan und Handlayout ohne reale Designregeln

 b) Stromlaufplan und Handlayout mit realen Designregeln

CMOS-Symbole:

 — — — —Polysilizium ——————— LOCOS

 ——‥—Aluminium —.—.—Kontakt

 ·······N$^+$-Gebiet —‥— p-Wanne

 — — Feldimplantation ······ Transistorebene

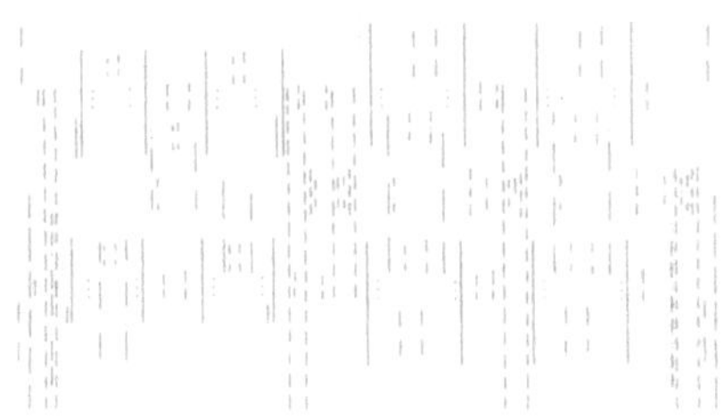

Bild 6. Designrulefreie Erfassung und Kompaktierung mit dem
 Programm DESIGN RULE ADAPTER

 a) Kanten des Layouts in der vorgegebenen Reihenfolge

 b) Kanten des Layouts nach der Kompaktierung in X-Richtung

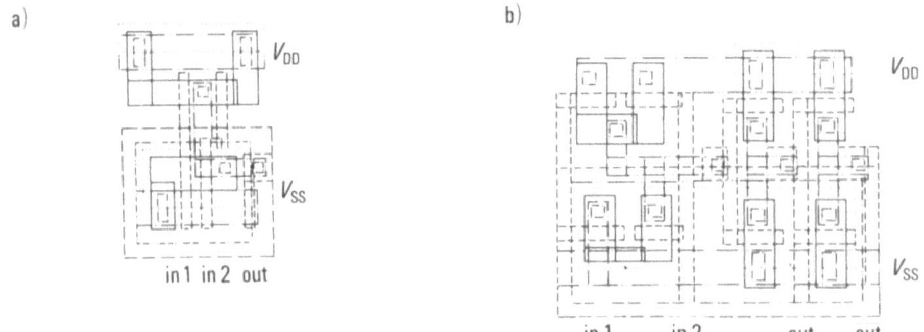

Bild 7. Neu generierte Layouts der 2-fach-NANDS in CMOS-Technik
     a) Layout von Bild 5a, generiert nach Designregeln
       und kompaktiert
     b) Layout von Bild 5b, generiert mit neuen Designregeln

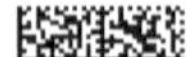